独立思考

李元秀◎编著

中国传媒大学出版社
·北京·

图书在版编目（CIP）数据

独立思考 / 李元秀编著. -- 北京 : 中国传媒大学出版社, 2024.4
ISBN 978-7-5657-3557-8

Ⅰ.①独… Ⅱ.①李… Ⅲ.①思维方法 Ⅳ.①B804

中国国家版本馆CIP数据核字（2024）第020375号

独立思考
DULI SIKAO

编　　著	李元秀	
特约编辑	孙守正　　田一鸣	
责任编辑	温晓芳	
封面设计	彭明军	
责任印制	李志鹏	
出版发行	中国传媒大学 出版社	
社　　址	北京市朝阳区定福庄东街1号	邮　　编　100024
电　　话	86-10-65450528　65450532	传　　真　65779405
网　　址	http://cucp.cue.edu.cn	
经　　销	全国新华书店	
印　　刷	三河市宏顺兴印刷有限公司	
开　　本	710mm×1000mm　　1/16	
印　　张	15	
字　　数	180千字	
版　　次	2024年4月第1版	
印　　次	2024年4月第1次印刷	
书　　号	ISBN 978-7-5657-3557-8/G・3557	定　价　59.80元

本社法律顾问：北京嘉润律师事务所　　郭建平

前　言

在当今社会，独立思考已经成为一种越来越重要的能力。对于每个人来说，独立思考可以帮助我们更好地认识自己，并且更好地适应环境，应对不同的情境。

简单来说，独立思考是指通过自己的头脑和判断力来分析问题、评估信息、做出决策，并且在行动中贯彻自己的想法和价值观。这种能力不仅可以帮助我们解决问题，还可以帮助我们更好地理解世界、发现机会，实现个人目标。当我们遇到问题时，往往需要从各种角度去分析和评估信息。如果只是盲目跟从他人的意见，那么我们很可能忽略某些关键点或者选错方案。而独立思考可以帮助我们更全面地了解问题，并且找到最优解决方案。

独立思考可以帮助我们更好地认识自己，包括自己的优点、缺点、价值观和目标。通过反思和分析，我们可以更好地了解自己的想法，更好地掌握自己的情绪和行为。独立思考可以激发我们的创新能力，帮助我们发掘新的机会，找到解决方案。当我们不再依赖于别人的意见时，就会有更多的时间和精力去探索并尝试新事物。独立思考是一种非常重要的能力。通过独立思考，我们可以提高解决问题的能力、培养创新能力，实现个人目标。因此，在日常生活中，我们应该尝试从多个角度去看待问题，并且积极阅读、使用思维导图等工具来提高自己的独立思考能力。

善于独立思考，就会拥有强烈的求知欲，终身学习的能力和创造力也就越强，这种能力，能够使人与时俱进，备受社会的欢迎；防止被人陷害，不容易跳进别人设计的圈套；能为人建立起自信；使人在面对问题时拥有质疑的能力、独立客观的判断能力、追求真相的能力。同时善于独立思考的人的生活更加独立,你会发现那些被人们夸奖很聪明的人都是善于独立思考有主见的人,他们在生活中遇到问题时解决问题的能力特别强。

独立思考的意义和价值是多方面的,它可以培养批判性思维、提升问题解决能力、培养自主性和决策能力,同时也能提升领导能力,鼓舞创新和变革。通过独立思考,我们能够塑造自己的个人价值观和品格,培养自信和自尊心,并促进个人成长和发展。在快速变化和充满挑战的社会环境中,独立思考成为我们适应和应对这些变化的关键能力。因此,我们应该努力培养独立思考的能力,不断探索和挑战自己的思维能力,在个人和社会中发挥积极的影响力。只有通过独立思考,我们才能真正理解自己,发现潜在的机遇和挑战,实现自己的梦想和目标。让我们用独立思考的眼光看待世界,勇于质疑和创新,成为能够影响和改变世界的人。

编者

目 录

第一章 给自己来一次彻底的"头脑风暴" / 1

没有独立思考，人生就是一团乱麻 / 2
拥有宽广的视野才能改变命运 / 4
对自己有个正确的认知 / 6
你的努力是否有成果取决于你的选择 / 8
做个聪明的"懒惰"人 / 11
独立思考会让你打开思维的另一扇门 / 14
独立思考能把自己调回正路 / 17
一个成功者也是一个正确的独立思考者 / 19
成为一个独立的理性的思考者 / 23
反转你的大脑，问题迎刃而解 / 27
如果找不到解决办法，那就改变问题 / 30

第二章 独立思考的思维程式 / 33

独立思考是创意和灵感的来源 / 34
直线式思考阻碍思考空间的扩展 / 36
问题意识是开发创造性思维的契机 / 40
打破直线式思考方式之后的发现 / 42
浮想创意与完整的视野 / 45
创造性的生活在于不断地发问 / 48
生命的时间也就是人生全部 / 52

穷究原理原则的姿态与思考 / 55

　　　人生最大的财富就是自己 / 57

　　　周围的事物是你的生活形态 / 59

第三章　相信思考的力量 / 61

　　　告诉自己：人生没有固定模式 / 62

　　　跳出常规思维，感受变化之妙 / 65

　　　不妨换个角度看问题 / 68

　　　有破才有立，就怕不敢去想 / 70

　　　格局是你思考的结果 / 73

　　　有问题才是常态 / 76

　　　善于思考，才能永远抢占先机 / 79

　　　逆转思维是一种重要的思考能力 / 82

　　　反转型逆转思维：要想知道，打个颠倒 / 86

第四章　会深度独立思考才能破解困局 / 89

　　　换个思维角度，困境本身或许就是出路 / 90

　　　变通是破解人生困境的锦囊妙计 / 92

　　　过分执着意味着困局无解 / 95

　　　你所谓的走投无路，其实是一叶障目 / 98

　　　思考摔倒的意义才有收获 / 100

　　　绝境中更要咬牙坚持 / 102

　　　你能化困境为一种历练就是强者 / 104

　　　磨砺到一定程度，幸福之门也就打开了 / 106

　　　独立思考不走寻常路 / 108

　　　守在竞争最激烈的地方寻找成功 / 110

第五章　独立思考就是改变你的思维方式，提高判断力 / 113

　　　思维决定眼界，看事情要有预见性 / 114

站在更高的视角看问题,才能判断准确 / 118
如何在反逻辑中寻求突破 / 121
推开未知的门,考验你的思维与判断力 / 124
不断创新才是生存的保障 / 127
不墨守成规,做个优秀的管理者 / 130
永远不要失去一颗好奇心 / 133
深度思考与判断才能解决真正的问题 / 136
独立思考也是集中心智来解决问题 / 139
学会将问题加以细分和把握要点 / 142

第六章 学会独立思考,给自己一条出路 / 147

要独立思考,更要有积极的行动 / 148
让自己的创意与行动结合起来 / 151
积极的创意一定伴随着积极的思想 / 155
掌握最佳情况和最好时机 / 157
有风险更有机遇 / 159
敢于大胆尝试 / 163
有时断绝后路,才会柳暗花明 / 166
人生最大的危机是舒适区 / 169
危机,或许正是你的良机 / 172
风险和机遇是并存的 / 175

第七章 思考所至,花生路满 / 179

时刻清楚自己的目标在哪里 / 180
既要豪情万丈,更要脚踏实地 / 183
面对目标,思索最有效的方法 / 185
你的思考与眼界决定你的未来 / 188
清醒之外,自身真实的价值标签 / 191
聪明人要关注价值的提升 / 194

提升自我价值,实现人生梦想 / 197
每个人都要思考最好的增值是什么 / 200
培养人格魅力不可或缺的一项 / 203

第八章 独立思考,创造与众不同的人生 / 207

做一个人生创意者和创造者 / 208
一生中的一件事与人生规划 / 211
满怀希望的旅程胜于到达终点 / 214
创意的生活代表着规律的生活 / 217
内心的主宰就是智慧和力量 / 220
外在世界与内在世界的智慧 / 222
梦想会成真与成熟的心态 / 225
把新奇的事物重新带回你的生活 / 225
用心看待身边的世界 / 225
思考快乐:体验生命的过程 225

第一章 给自己来一次彻底的『头脑风暴』

独立思考的本质是用科学的方法思考问题,
即具有怀疑精神、
批判精神、分析精神和实证精神,
这四种精神的总和。
学会独立思考和独立判断比获得知识更重要,
独立思考是我们一切思维世界的基础,
它比知识本身更重要。

没有独立思考，人生就是一团乱麻

生活没有计划，就会变得杂乱无章、一团糟。工作没有计划，就会手忙脚乱、效率低下。同样的道理，在追求成功的道路上，若是没有明确的计划，就会像大海中航行的船只一样，容易迷失方向。

生活的有序来自管理、安排和执行，成功的获得来自目标和合理的规划。目标就是你前进的方向，计划就是你行动的指导，它们带领着你一步步迈向成功的顶峰。所以，要想追求成功，我们不能只知道努力和拼搏，而是应该多动脑，认真地规划自己的目标，然后朝着这个目标努力奔跑。

顾青，这是一个众人皆知的名字，他创立的公司把武汉鸭脖推向全国，让这一地道的武汉小吃成为全中国人热衷的食物之一。该公司的迅速走红并不是偶然，而是顾青用心思考、合理规划的结果。

顾青在2000年考取了上海财经大学——韦伯斯特大学，成为MBA课程的学员。在学习的过程中，他开始思考未来的道路，思考如何为创业做准备。

深思熟虑之后，他把目光放在武汉的鸭脖上，这种地道的武汉小吃在当地风靡已久，无论男女老少都喜欢得不得了。据说制作这种小吃最初的灵感源于一份古代的神秘配方，人们只要闻到香喷喷的鸭脖味就馋得直流口水，只要吃过一次就很难忘怀。但是，武汉鸭脖的销售一般很集中，局限于武汉本地，私人作坊也绝大部分集中在汉口一条叫作精武路的小巷子里。

顾青不禁想：既然武汉鸭脖有这么强的诱惑力，让人们一旦吃过就会再想吃，那为什么不让它走出武汉，把它做成品牌，分享给更多人来品尝呢？

于是顾青开始分析市场、研究品牌效应,做好了资金和人员的统筹,更给公司做好了长远的规划:创建品牌——改进技术——走出武汉——走向全国——做最好的品牌。

自此,顾青开始走上实质性的运营阶段,在上海创立了鸭脖品牌。在创业初期,条件非常艰苦,顾青每天都非常忙碌,几乎没有睡觉的时间,时常工作到半夜才能回家。可是有了明确的目标和合理的规划,顾青坚持了下来,终于把最困难的阶段挺了过去。一年之后,他在北京、广州、深圳、杭州、成都、哈尔滨等地成立了分公司。

顾青知道,品牌想要做大做强,质量必须是第一位的。尤其是做食品企业,在卫生、质量方面更不能马虎。所以,在创业初期,公司的厂房就完全是按大企业的规划标准进行设计的,而且采用了当时非常先进的生产技术。生产鸭脖过程中的所有工具和器械都要进行严格的消毒,以此来保证鸭脖不会出现任何卫生问题。不仅工具器械如此,公司中的每名员工都要进行正规的健康体检和培训之后才能上岗。员工要勤洗手、洗脸,工作的时候要穿工作靴、穿无菌连体式工作服,还要戴口罩,在进入生产车间之前,要经过消毒,然后才能投入工作。

正是因为顾青为企业做好了长期的发展规划,所以公司才能一步步地步入正轨,并且快速地发展壮大。试想顾青如果没有规划好企业发展蓝图,只是凭借一股热情和拼劲创业,结果会怎样?或许他会成功,赚取属于自己的财富,但是他根本不可能取得如此成就。

古人说:"凡事预则立,不预则废。"不管什么时候,成功都喜欢有头脑、有规划的人,喜欢积极主动、有条不紊的人。若是你做事没计划、没目标,浪费时间和精力,最后将只能走向失败。毫无计划,财富会与你擦肩而过,生活会变成一团乱麻,事业则会一塌糊涂。不妨观察我们身边的人,很多人充满了激情,每天都不顾一切地向前冲,但是因为做事没有计划,所以结果不会有很大收获。

所以,不要做有勇无谋的莽撞人,而要事先做好规划,为自己的未来绘制美好的蓝图,然后有的放矢地去做。相信,努力之后的结果将超乎你的想象。

拥有宽广的视野才能改变命运

自古以来，人们都知道勤劳能够致富，苦干能改善生活。但想要改变命运，勤劳和苦干是远远不够的。埋头苦干能改变的只是生活，真正决定你的命运的，则是你的视野。

视野确实决定了人们的命运。人对某个东西产生向往，必然是建立在对这一东西有一定了解的基础上，因为了解，知道它好，才会产生想要获得的想法。如果你不知道世界上存在这一种东西，或者说你对它根本一无所知，那么你又怎么会萌生想要获得它的想法呢？

看过这个故事之后，你就能够明白其中的道理：

一位青年教师去山区支教时，曾问他的二十几名学生，他们最大的人生理想是什么。当时，一个女孩子回答说："我的理想就是成为村里的会计。"一个男孩子回答说："我的理想就是让家里的地种出全村最多的粮食。"

对于孩子们来说，他们生活在小山村，视野所在就是这个小山村，根本不了解外面的世界是什么样的。所以他们最大的理想也只是做村里的会计、种出全村最多的粮食——他们所有的想法都局限在这小小的山村。

后来，这位青年教师为孩子们连接了互联网，让孩子们通过网络看到了外面繁华的世界，知道了这个世界有多大、多精彩。结果，孩子们的理想发生了变化：那个女孩子想要下山，去城里的大公司做一名会计；而那个男孩子则想要成为村长，带领村民们一起修一条路，一条通向山下、通向繁华城市的公路。因为只有这样，他们才能把农作物卖到城里，把城里的好东西运回村里。

为什么孩子们的理想会发生变化？很简单，他们的视野发生了变化，看到了之前没有看到的东西，所以他们想要冲破小山村，与繁华大城市接轨。

曾经有人说，平庸者和卓越者最大的差距就是视野和思维上的差距。这一点都没错，平庸者只看到自己的脚下和眼前，而卓越者看到的是更广阔的空间和遥远的未来。

视野的广度决定了命运的高度，想要改变命运、成就更大的事业，就应该开阔自己的视野。当你比别人看得更远的时候，自然能看到别人看不到的机会，从而获得别人无法获得的成功。当你比别人有更广阔的事业，自然能走出自己的小天地、树立更远大的目标、成就更大的事业。

以前，进入国企对于人们来说就意味着抱上了铁饭碗，一辈子吃穿不愁。轻松的工作、优厚的待遇让大部分顺利进入国企的人逐渐沉沦在安逸之中，除了埋头工作以外，几乎对外界信息一无所知。

但是随着改革开放进程的加快，人们的视野变得更开阔，看到了更广阔的空间和更精彩的世界，所以有些人不甘于安逸，而是把目光投向更高更远的地方。他们勇敢选择"下海"，与风浪搏击，在时代的浪潮中"淘金"。他们可能是中国最先下海经商的人，可能是最早进入股市的人，可能是最早投入房地产的人，也可能是最早进入互联网行业的人……但无论如何，这部分人很显然是最可能成为社会顶层那10%的人群！

所以说，眼睛所到之处，就是成功到达的地方，眼光有多远，世界就有多大。世界总是处于不断的变化之中，唯有拥有宽广视野的人，才可能具备对未来发展趋势的前瞻性。埋头苦干的精神固然可贵，但是"遮住眼睛"苦干的勤劳，却永远不可能改变命运。

只有开阔视野，让自己站得更高、看得更远，才可能改变自己的命运！

对自己有个正确的认知

这个世界是公平的,不会给任何一个人"特殊"照顾。但是那些足够了解自己的人、明白自己实力的人,总是比其他人更容易获得财富和成功。因为认识自己之后,他们能发挥自己的优势、规避自己的劣势。他们能够给自己一个准确的定位,然后付出最大的努力,创造财富。

事实上,那些事业成功的人并不比别人幸运多少,而是他们让自己真正喜欢自己的工作,因为他们清楚自己所喜欢的,并为此全力以赴,他们会找到自己的不足,再找到可借助的外力,以谋取最大的成功。新东方的创始人俞敏洪便是这样的人。

俞敏洪多次高考不中,最终凭着毅力考上了北京大学西语系,但他在求学路上坎坷不断,生病休学,最后终于毕业并留校任教。之后,俞敏洪下海经商,由于他知道自己的优势和劣势,所以选择了最热爱最擅长的英语,创办了一所英语培训学校。对此,俞敏洪说:"我最初只是为了糊口,觉得自己的英语能力还行,希望通过所学招几个学生,办个小小的补习班而已。"

现在新东方已是中国最大的私立教育服务机构之一,在全国有41所短期语言培训学校、5家产业机构、很多个学习中心以及书店等,累计培训学员高达1000万人次。之后,新东方在美国上市,俞敏洪成为教育培训领域的"领头羊"。

而对于成功的秘诀,俞敏洪则直言不讳,他说:"我最成功的决策,就是把比我有出息的海外朋友请了回来,让他们弥补我的不足,共同致富。"

因为他清楚自己的能力，将英语学以致用，所以创业得以成功；因为他对自己有正确的认识，所以在发挥自己最大潜力的同时，积极借助外部的力量弥补自己的不足。

试想，若是俞敏洪不自知，不能发挥自己的优势，那么新东方就可能不复存在。若是俞敏洪意识不到自己的不足，只凭着自己的努力横冲直撞，那么新东方或许无法这么迅速地发展壮大，或许它依旧是当年的小小培训班，或许因为能力、管理等多种因素而夭折。

所以，想要获得成功，那么在努力之前，就首先要认清楚自己究竟有什么能力，可以做到何种程度。比如一份工作，只有你自己知道是否适合自己，也只有通过实践之后你才会知道你究竟喜欢不喜欢。创业也是一样，如果不了解自己是否有能力胜任时，就花时间去实践证明。致富也是一个道理，如果你根本不了解自己，再多的实践也是枉然。只有认清自己的实力之后，你才能做出理性的判断。

如果你不能正确认识自我，就会失去更多获取财富的机会。因为你一个人不可能什么都会，只有清楚自己的能力、自己的长处和优势，才能扬长避短，才能在追求财富的道路上，获得更大的激情和动力。

同时，只有正确认识自己，我们才能努力做最好的自己，坦然地面对生活的不公、挫折和困苦，用豁达的心去面对生活的不如意，积极地用行动改变自己，进而改变命运。

一个人最了解的就是自己，最不了解的也是自己。努力之前，对自己有个正确的认识，发挥自己的优势，规避自己的劣势，同时不断提升自己的价值，如此人生自然会绽放出不一样的光彩。

你的努力是否有成果取决于你的选择

记得有人说过这样一段话:"人生会遇到无数个十字路口,每一个十字路口都是一次选择。你有三个选择,不论是左、右、中,只要是你的选择,任何一个方向错了,你就再也回不来了。"

这告诉我们,很多时候选择是异常重要的。在人生的道路上,我们需要面对很多选择,不论是童年喜欢的玩具,还是小学就读的校园,或者长大后自己选择的恋人以及走入社会以后所选择的工作。只有你选择对了,并为之努力,才能获得好结果。

在人生的岔路口,一旦选择错方向,你就会离目标越来越远;在追求成功和财富的过程中,一旦选择错方向,成功和财富梦就不可能实现。所以,比尔·盖茨说:"我宁愿在正确的道路上跌跌撞撞,也不愿在错误的道路上奔跑如飞。"

选择对与错,决定你的努力是否有成效,决定你是否能到达目的地,否则即便再拼命奔跑也是没有用的。

事实上,凡是聪明的人,都会在行动前考虑好一系列问题:我自己想要什么?我想到哪个地方去?我是否选择了正确的道路?这条道路是否能让我发挥最好的优势?等等。在思考好这些问题后,他们会慎重选择自己的道路,并且在正确的道路上拼命地奔跑。所以,他们能越跑越远。

高建华是惠普公司中国区总裁助理,他曾是苹果公司的职员,但是他放弃了苹果公司的高薪工作,来到惠普公司工作,工资减少一半。是他不够努力吗？并不是。当时有很多人非常质疑他的选择，在苹果公司担任中国的市场总监这么风光的职位，为什么会想着放弃呢？

高建华说："是因为惠普公司给我的职位足够吸引我。虽然我做苹果公司中国的市场总监也非常不错，但我希望能找到一个可以弥补我对产品创新不足的职位，这样全盘学会了，再加以努力我就能提高核心竞争力。"

也有人问高建华："在你的职业生涯中什么事情才是最重要的呢？"高建华的回答是："我想应该是选择一个好上司。因为只有一个好的上司，他才会尽全力栽培你，给你锻炼、成长的机会，这是你再努力也不可能换来的。"

很多人认为只要努力就一定会有所收获，殊不知如果方向选择错了，即使再努力也是徒然。甚至你付出的努力越多，距离原本的目标就越遥远。我们要清楚哪个方向是值得我们去选择的，不要盲目地只学会了努力。

说到这里，我想起美国一位著名的跳水运动员，他的名字叫作洛加尼斯。他从小就是一个害羞的男孩，由于有点口吃，所以阅读方面比其他人差很多。因此，他时常遭到同学的嘲笑和捉弄，还被嘲笑为学习最差的学生。其实，他并不算笨，只是缺少语言天赋。

但这并没有让他失去信心，他心想："虽然我学习比较差，可或许其他方面更好呢？"经过一段时间的思考，他发现自己在运动方面很有天赋。于是，他开始加强运动方面的锻炼，舞蹈、体操、跳水等都是他喜欢的项目。果然，经过长时间的训练，他开始在各种体育比赛中崭露头角，赢得了很多荣誉和奖项。而这也让同学们对他刮目相看，不再嘲笑和看不起他。

可是，不管是舞蹈、体操还是跳水，这些体育项目都需要大量艰苦的训练才能获得好的成绩，所以上了中学之后，他开始感觉有些力不从心。更关键的是，虽然他在这些项目中取得了比较好的成绩，但距离优秀还有很大的差距，更别想在重大比赛中获胜了。他想，自己必须做出取舍，选择更适合自己的项目继续训练下去。

之后，在前奥运会跳水冠军乔恩的指点下，他认识到自己在跳水方面更有天赋，便开始继续接受跳水训练，并把全部精力和时间都用在训练上。

显然，他做出了正确的选择，经过更加艰苦和专业的训练，他取得了非常优异的成绩。16岁，他就被选入国家队，代表美国参加奥运会；到了28岁的时候，他已经获得了6个世界冠军、3枚奥运会奖牌、3个世界杯奖牌。1987年，因为在跳水方面取得了卓著成就，他被评选为世界最佳运动员，并获得了欧文斯奖。对于一个运动员来说，这是最高的荣誉。

因为他选择了正确的道路，所以才凭借自己的努力达到了一个运动员的顶峰。若洛加尼斯没有选择从事体育训练，那么恐怕付出再多的努力，他也不过是普普通通的人；若他没有选择自己最有天赋的跳水，或许终其一生也不过是成绩平平的三级运动员。

最能决定你未来的，并不是你的努力，而是你一开始的选择。所以，想要获得成功和财富，就要擦亮你的眼睛，认准方向再努力奋斗。若在这个过程中发现自己选择错了，那就不要做无谓的努力，及时改变方向，努力往前冲刺，相信你终会迎来成功。

做个聪明的"懒惰"人

有人说，世界上有两种懒惰，一种懒必须聪明勤奋才能获得，才能欣赏；一种懒与勤奋无关，身上充满了惰性。这两者有着本质的区别，前者看起来懒惰，其实是懂得聪明办事的高手，而后者则天性懒惰，不愿意行动和努力。

前者我们叫他们聪明的"懒人"，这些人有的是思考者，有的是管理时间的高手。所以他们表面上看起来懒惰，却懂得适度地利用有限的精力获得最大的成功。正如商界大亨亨利·杜哈蒂说的："我只做一件事，思考和安排工作的轻重缓急，其余的完全可以雇人来做。"

聪明的"懒人"习惯思考，思考如何能用最短的时间、最小的力气做更多的事情。他们不是瞎忙，即便有时看起来有些懒惰，但也是为了多花时间在创造力的思考上。他们总是能扩展自己的思路，从不同的角度看待问题，虽然看起来浪费时间，可由于找到了更适当的方式方法，因此创造出了更大的价值。

然而，另一些人却不一样，他们很少动脑思考，或懒得思考，做什么事情都不愿意想太多。不管做什么事情，他们都是一根筋地走下去，结果思路变得越来越窄，想法越来越少，最终走进了思维的死胡同。如此一来，他们付出了很多努力，却只能收获小成就，甚至沦为疲于奔命的失败者。

《哲理故事》中有这样一则故事：两只蚂蚁外出寻找食物，途中遇到了一段矮墙。一只蚂蚁来到墙角，毫不犹豫地向上爬，可是这段矮墙对于它来说实在是太高大了，就好像珠穆朗玛峰一样高不可攀。它爬了一段距离，就由于疲惫不堪而跌落下来。但它并不气馁，尽管一次次从矮墙上跌落下来，却再次重整旗鼓，开始向上攀爬。

再来看看另一只蚂蚁，它就比较懒。当第一只蚂蚁努力地向上爬的时候，它只是在墙角闲逛，好像在观察些什么，又好像在寻找些什么。过了一段时间后，它发现这段矮墙其实并没有多长，绕过去远远比翻过去容易很多、省劲很多。于是，在第一只蚂蚁一次次跌落的时候，它已经绕过矮墙来到了食物面前。

我们不得不承认第一只蚂蚁很勤奋和努力，可因为不懂思考和变通以致全部的努力都白费了。第二只蚂蚁是聪明的"懒惰"者，行动前勘察路线、寻找出路，结果不仅节省了时间和力气，更比第一只蚂蚁先找到食物。

所以说，先思考再行动，并不等于拖延和退缩，这只是我们成熟和智慧的体现。要知道，成功固然需要勤奋和行动，但我们不应该只是一个蛮干者和傻干者，而是应该做一个善于思考的思考者。像"懒人"一样思考，并不是让人真正变得懒散，而是发散扩展性思维，以最小的代价完成最大的目标。这就是聪明的"懒人"成功的秘诀。

思考是打开成功大门的钥匙，可以让我们轻轻松松地打开高效的大门。聪明的"懒人"不会无休止地忙碌，因为他们知道这是无效的；聪明的"懒人"不会冲动地行动，因为他们知道这很可能让自己陷入徒劳。

聪明的"懒人"是管理时间的高手，他们发明了一种绝妙的工作法，就是"懒惰"工作法。他们平时会节省一些精力和注意力，将时间用在真正重要的事情上；他们能处理工作和休息之间的关系，而不是一味辛苦地工作，搞得自己疲惫不堪。因为他们知道与其让那些不重要的事情耽误自己的精力，不如趁机休息一下。

"磨刀不误砍柴工"说的就是这个道理。

一位探险家前往南美洲原始森林探险，寻找古印加帝国的遗迹。为此，他雇用了一群当地土著作为向导及挑夫。这些土著十分强壮，即便背着沉重的行李，依然健步如飞，探险家根本跟不上他们前进的速度。但是为了赶时间，探险家只能竭尽全力地跟着这群人，足足辛苦赶了三天的路。到了第四天，探险家一大早就醒来，催促土著赶快打点行李赶路，可是他们却不为所动，表示要休息一天。这让探险家十分愤怒，因为这无疑会耽误探险家之后的行程。

不过，这些土著却坚持休息一天才能上路，并且对探险家说："我们自古以来有一个神秘的习俗，那就是在旅途中总是尽力赶路，但是每走上三天就需要休息一天。这是为了让我们的灵魂追得上我们走了三天路的身体。"

不错，把握工作与休息之间的尺度，才能拥有无穷的动力，这也是成就高效、获得成功的关键。然而在现实生活中，很多人却不懂得这样的道理，他们表面上整天忙碌，没有一丝休闲，但是依然碌碌无为，工作效率低下。

所以，成功与否不在于是否忙碌，而在于如何去忙碌；看的是结果，而不是你为此付出了多少。不懂得聪明地"偷懒"，只能让自己忙得晕头转向，结果因为效率低下或方向错误，而做了大量无意义的事情。

不管任何时候，我们都需要记住一句话：做一个聪明的"懒人"，用思考成就高效，你将比别人更容易成功。

独立思考会让你打开思维的另一扇门

有人问哈佛大学教授哈恩曼："如何才能和哈佛人一样成功？""找准位置才有作为，"哈恩曼教授回答道，"即使你再羸弱、再贫穷、再普通，你仍然拥有别人羡慕的优势。对于很多人来说，之所以不成功不是缺少才能，而是缺少对自己才能的发现，缺少对自己人生价值的开发利用。"

没错，不管你是什么人、身处什么环境，只要能发现自己的才能，对自身有正确的定位，那么便可以成就事业。

可生活中总是有些人，他们敢尝试、肯努力，可就是与成功无缘；同样做一件事情，别人做得顺风顺水、十分高效，他们却总是力不从心，低效不说，甚至步履维艰。这就是因为他们没有找准自己的最佳位置，非要尝试自己不擅长的事情。著名的作家马克·吐温也是如此，他曾试图做一名商人，却屡屡遭遇失败。

在成为知名演说家、作家前，马克·吐温的第一次经商活动，是从事打字机的投资。一个朋友说自己在从事一项打字机的研究工作，将来可以挣到大笔的钱，但目前需要一笔实验经费。对于实验者的研究能力、研究方案的可行性和确切价值，马克·吐温一点也不知道，但他还是爽快地先后拿出19万美元进行投资。但当其他人已把打字机发明出来并投入市场时，马克·吐温的朋友还没有将打字机发明出来，发大财的美梦成了泡影。

接着，马克·吐温发现出版商因为发行自己的著作而赚了大钱，他很不服气，心想，我自己写文章，如果自己出版发行，那么所有的利润不就都是自己的了吗？于是他信心满满地投资开了一家出版公司。但是，他没有任何创立和管理一家出版公司的经验，就连起码的财会知识都不懂，更别提去管理好整个出版公司了。很快，公司就因债务问题破产了。为此，他背上了9.4万美元的债务。

两次经商，两次失败，损失达30万美元，马克·吐温痛苦万分，甚至萌生了轻生的念头。这时，他的妻子奥莉薇娅耐心地开导了他一番，指出经商并不是他的长项，他的长项是演讲和写作，并帮他制订了一个4年还债计划——全国巡回演讲。很快，马克·吐温的才干在演讲和写作中得到了真正的发挥，他受到人们的欢迎，成了全国知名的演说家，从失败走向了成功。

由此可见，一个人不成功并不意味着缺少成功的能力和潜力，而是没有找准自己的位置。在这个世界上，人与人之间的差异是非常明显的，我们每个人都有与众不同的秉性、独一无二的特点，这注定了我们天生有一个最佳位置，是成为一名学者还是一名官员，是成为一名企业家还是一名将军，是成为一名工人还是一名农民，等等。

所以，做事之前，我们应该在心中放一把丈量自己的尺子，弄清楚自己能做什么、不能做什么，擅长做什么、不擅长做什么，向哪一个方向努力、不该在哪一个方向浪费时间。可以毫不夸张地说，定位就是决定你人生能站得多高的关键。因为找准自己的定位后，你就能很好地实现个人价值，你的机遇就在那里，你的财富就在那里，你的幸运也在那里。

当然，想要找准自己的最佳定位，还需要我们长时间进行摸索和尝试。如何做到这一点呢？这需要你尽可能全面、深入地收集自己的信息，了解自己的性格、能力、专业技能、思维方式等等，等找到自己的核心竞争力，我们才能充分发挥最佳的特性，价值才能得到最大的体现。而对于每个人来说，这都是人生中最重要的。

但需要注意的是，给自己定位并不是给自己设限，我们需要把自己的眼光和思路打开，眼光不是只盯着眼前，而是给自己一个准确又长远的定位。因为你对人生的定位和思考，决定着你将来能站得多高、看得多远。

就好像你的眼里只看到面前的小山坡，而永远不敢、不能攀登上珠穆朗玛那样的高峰一样。如果你给自己的定位是渺小的，认为自己只能完成渺小琐碎的事情，那么你只能成为平庸者。若是你给自己的定位是伟大的，认为自己能完成伟大的事业，那么就一定能够发挥最大的潜能，成就一番事业。

你今天给自己的定位，决定了你明天的地位和成就。所以，好好整理自己吧！

独立思考能把自己调回正路

古话说"欲行千里,先立其志",这里所谓的"志"是人生的志向,也就是人生的目标。这句话的意思是,想要在人生道路上走得更远,就必须先有一个前进的目标,知道自己想要什么。若是不知道自己要去哪里,很容易"东一榔头,西一棒槌",甚至彻底迷失方向,那么即使再渴望成功、有再强大的信念,也很难成功。

很多时候,由于人们对自身了解不够,或是客观条件限制,几乎完全没可能达到目标,甚至目标定位错误。这个时候应该怎么办呢?是及时掉转方向,还是坚持到底?很多人会选择坚持到底,或是不服气:"别人都能做到,我凭什么做不到?"或是对最初的梦想有不一样的执着,"这是我从小的梦想,我怎么能轻易放弃?"

可是你的努力并不在正确的方向上,努力又有什么用呢?当你发现自己在某件事情上用了很大的努力,但仍不能达到设想的目标,甚至发现离目标越来越远的时候,最明智的办法就是好好地分析:我的努力方向是不是错了?我的目标是不是不合适?

如果答案是正确的,我们就应该放下无谓的坚持,及时把自己调整到正确的方向上。就像船只在大海中航行发现路线错误,必须及时调整路线,重新设定目标,如此才能到达目的地。

这让我想起大西洋中一种叫马嘉鱼的鱼类,它们长得十分漂亮,银肤、燕尾、大眼睛,不少渔民想捉住它们卖个好价钱。马嘉鱼生活在深海之中,不易被人捉到。但到了春夏之交，渔民们却总能轻而易举地捕到马嘉鱼。这是为什么呢？是因为马嘉鱼的"固执"害了自己。

每逢春夏之交时，马嘉鱼会逆流产卵，顺着海潮漂流到浅海。这时候，渔民们会用一个孔目粗疏的竹帘，下端系上铁，放入水中，由两个小艇托着。马嘉鱼一旦"落网"，只会拼命地向前游，一条条"前赴后继"地陷入竹帘孔中，帘孔随之紧缩。竹帘缩得越紧，它们就越被激怒，就会更加拼命地往前冲。就这样，马嘉鱼们被牢牢地卡死，最终成群结队地被渔民捕获。

看到了吧，不及时调整方向，就只能让自己陷入困境。成功和失败的区别，就是成功者选择了正确的方向，一旦发现方向错误便及时调整。而失败者正好相反，他们不会变通，一味地坚持，刻意地执着。

人生有很多条道路，条条大路通罗马，为什么非要在错误的道路上奔跑呢？

一个成功者也是一个正确的独立思考者

你的思想无疑是你最有价值的财富。你会丧失物质上的财富,但知识是谁也夺不走的。拥有知识,你可以把钱赚回来,重新建立你的世界,购买你想要的东西。没有人可以控制你的思想,即使是最残酷的统治者也不能迫使你去想一些你拒绝接受的事情。当你经过审慎的考虑而决定控制你的意念,并不断地吸收一些积极的、有建设性的想法,那么你将可以掌握自己的人生。什么样的想法,决定你创造出什么样的成就。

你是否拟订了一套计划来持续训练你最可贵的资产——你的头脑呢?每天你至少要花上半小时作为阅读、思考及设想未来之用,检讨自己的长期、中期及近期目标,并设定完成这些目标的时限,还要时时反省自己是否照预定进度在进行。有时候不妨问问自己:"还有哪些有助于完成目标的资讯是我仍欠缺的?"试着将这些资讯加以搜集,并应用于行动之中。

当你掌握了你的思考模式,就掌握了自己的命运。了解自己的想法、感受、情绪及欲望,就可以将它们导向你希望的方向。智慧来自自省,也就是花时间去探讨我之所以成为人的原因。

要掌握自己的思考方式,需经过一段独自的且深思熟虑的历程:因为只有你才能明白自己心灵的复杂运作程序,也只有你才会花费精力与时间,来满足自身内在的需求。

我们发现,那些被认为一夜成名的人,其实在功成名就之前,早已默默无闻地工作了很长时间。成功是一种思考的累积;不论何种行业,想攀上顶端，通常都需要漫长的时间和精心的规划。

如果想登上成功之梯的最高阶，你得永远使你的头脑在思考，只有思考后的人生，才算成功的人生。

若把你的思想当作一块土地，经过辛勤且有计划的耕耘，就可以把这块土地开垦成产量丰富的良田，或者也可以让它荒芜，任由杂草丛生。

想要从你的思想中获得丰收，就必须付出努力，做好各项准备工作，这些工作的安排和执行就是正确思考的结果。

世界上所有的计划、目标和成就，都是思考的产物。你的思考能力，是你唯一能完全控制的东西，你可以用智慧，或是以愚蠢的方式运用你的思想，但无论你如何运用它，它都会显现出一定的力量。

一天晚上，英国著名的物理学家卢瑟福走进实验室，看到一位学生仍坐在实验桌前，便问道："这么晚了，你还在做什么？"

学生答道："我在工作。"

"那你白天在干什么呢？"

"也在工作。"

"那么你早上也在工作吗？"

"是的，教授，早上我也在工作。"

于是，卢瑟福提出了一个问题："那么，你什么时候思考呢？"学生看了看他，无言以对。

很多时候人们宁可让岁月淹没在仿佛很有价值的忙碌之中，也不肯拿出时间进行思考，以致思维总是在低水平的层次上徘徊，最终一无所获。思考有多远，路就有多远，善于思考可以避免学习的盲目性。美国哈佛大学有句谚语："一天的思考，胜过一周的蛮干。"说的也是这个道理。

正确的思考，固然是你能否达到目标的关键，但你应记住：思考，是你对全世界人民应付出的一项道德义务。

在本书中，你所读到的所有成功者的故事，都可证明正确思考的好处——包括对个人和对社会的好处。沙克的正确思考，使他发明了小儿麻痹疫苗。马歇尔的正确计划使他得以振兴经过希特勒蹂躏之后的欧洲经济。

没有正确的思考，是不会成就这些伟大的事情的；如果你不进行正确的思考，是绝对成就不了杰出的事业的。

在一双未受训练的眼睛看来，水晶矿石只不过是一块普通的石头。但地质学家能看出在矿石的内部蕴藏着美丽的水晶。你也可以把自己训练成为一个具有敏锐眼光的地质学家，去发现水晶矿石中美丽的水晶。造物主为每个人都提供了成为佼佼者的机会，只要我们能够正确地思考，便能从人生的漫漫征途之中发现属于自己的那份辉煌。

你经常在思考。但是，你在思考什么呢？你的思考过程很有条理吗？你的思考直率到了怎样的程度呢？

为了进行正确的思考，你必须应用推理的方法。讨论推理或正确思考的科学叫作逻辑学。即使在日常生活中，人们也不可避免地运用到逻辑推理，这会帮助你正确地思考。你可以从书本上学习逻辑学，特别是从论述这门学科的专著上学。这类专著有富莱施的《清理思想的技巧》、约翰逊的《你最着迷的听者》、柯比的《逻辑学导引》、克拉克的《正确思考的技巧》等，这些书可能对你有巨大的实际帮助。

现在我告诉你，正确的思考是以下列两种推理作为基础的。

1. 归纳法。这是从部分导向全部，从特定事例导向一般事例，以及从个人导向宇宙的推理过程，它是以经验和实证作为基础，并从基础上得出结论。

2. 演绎法。以一般性的逻辑假设为基础，得出特定结论的推理过程。

这两种推理方法之间有很大的不同，但二者可以一起运用。

例如，每当你用石头丢玻璃的时候，只要石头不变，则玻璃一定会被打破，反复几次用石头扔玻璃之后，你可以归纳出一个结论，亦即玻璃是易碎的，而石头不会碎。

从这个结论出发，你可进行演绎推理，从而了解其他不易碎的东西（如棒球）也会打破玻璃，而石头也会打破其他易碎的东西。

但在日常生活中，我们很有可能做出错误的推理，进而导出错误的结论。你必须严格地要求推理的正确性，也就是严格地要求自己进行正确思考，必须审查你的推理结果，并找出其中的错误。除审查你自己的思考过程之外，你还可以运用这两种推理方式，审查别人的思考结果是否正确。

为了成为一位正确的思考者，你必须采取下列两个重要步骤。

1. 把事实和感觉、假设、未经证实的假说与谣言分开。

2. 将事实分成两个范畴：重要的和不重要的事实。

除正确的思考者之外，一般人都会有许多意见，但这些意见多半是没有价值的。在没有价值的意见之中，有许多可能是危险而且具有破坏性的（尤其当它们和个人进取心发生联系的时候），希特勒就是一个最好的例子。

你只能接受那些以事实或正确的假说为基础所提出的意见。同样，你不可提供没有事实或正确假说作为根据的意见。正确思考者在没有确信之前，是不会提出任何意见的，虽然他们从别人那儿听取事实、资料和建议，但是他们保留接受与否的权利。

报纸、闲聊和谣言都不是得知事实的可靠媒介，因为它们所传达的消息经常会变化，而且也没有经过严格的查证。

"期待"通常是形成大众所接受的"事实"的原因，因为一般人很自然地认为自己的期待和事实是一致的。由于这种一般人所接受的"事实"是如此轻易地被提出来，所以你必须记住，想要了解真正的事实，通常是必须付出代价的，也就是努力追查事件的真实性的代价。

美国曾经流传着一个谣言：在百事可乐的罐子里，发现了皮下注射器的注射针头，当时有二十几个州都有这样的报道。基于此"事实"，百事可乐的股价严重下跌，投资人以赔本的价钱抛售百事可乐股票，但即使如此，该公司的管理阶层仍然保证这种情况根本不可能发生。

那些正确的思考者并不相信此"事实"，并且买进该公司的股票，最后联邦药物管理局和联邦调查局宣布这些报道完全是恶作剧。

在这个事件中谁才是真正的获利者？是那些因为恐慌而赔本卖出股票的人，还是那些经过正确思考后低价买进股票的人呢？

成为一个独立的理性的思考者

有条理的思考，源自对精神的正确使用。一个成功的人，能够把头脑做最大限度的运转，借着正确的判断，做出高明的决定。

每一位成功者都能理性地思考，或拥有有条理的思想诀窍。本书所列举的成功人物即是如此，每一位都具有像机械一般的巧思。

但这并不表示他们讲话的技巧或方式高人一等，而是他们有更为根本的东西存在。也就是说，他们了解正确的思考诀窍。

你若想获得成功，头脑的运转就必须灵活。理由如下。

第一，思想有条理的人，必能判断正确，从而做出高明的决定。假如能排除无关的事物，直捣问题的核心，你就是一个值得拿高薪的人。

第二，一个思想有条理的人，能以简明的方法，促使别人更了解自己。一旦需要展现自己才能的时候，他们必能付诸行动，而且必然获得良好的效果。在商场上，把思想正确地传达给别人，是每天都要做的工作，这对董事长或推销员来说，并无二致。尤其在一个大公司里，能有效地表达自己意念的人，成功的机会一定更多。

每个人都可以把自己训练成为一名理性的思考者。现在介绍一下理性思考的四个步骤。

我们必须了解理性的思考能使事情更圆满。不论一个人的智商如何，理性的思考都能带来很好的效果。一个智商平平的人，如果能理性地思考，要比一个智商高却遽下论断的人更为优秀。

思考过程是相当复杂的，基本上可分成四个步骤。若能仔细研究这些步骤，判断力必能获得百分之百的改善。以下就是这些步骤的内容。

1. 挖出问题的核心

开始时必须了解问题的所在，否则必定无法深入问题的核心。有些人常常在老路子上徘徊，做不了决定，原因就是没有找到问题的症结所在。犹如一个简单的数学题目，如果不了解出题者的目的，就无法解题。

我举一个简单的例子。有个女人因为靴子磨脚而去看医生，这就是处理问题错误。从这里我们就可以理解，为什么去掉枝节、直捣核心是最重要的步骤了。否则，问题的本身和影子会扭成一团而理不清。遇到问题时，应该想想这个例子，一定要把握住问题的核心。能点出问题的核心，简洁地表达出来，就已赢了一大半。

2. 检验全部事实

在了解真正的问题点后，要设法搜集相关的资料，深入研讨和比较，且应该有科学家那样审慎的态度。解决问题必须采用科学的方法，做判断或决定都必须以事实为基础，同时，从各个角度来分辨事理也是必不可少的。

例如，现在有一个二择一的简单问题，那么就在备忘录上列出两栏，一栏列出一个解决方案的好处，另一栏列出另一个解决方案的好处，同时把相关的事项全部记入。之后，可以比较利害得失，做出正确的判断。

一旦有关的资料齐备后，做出正确的决定就容易多了。搜集相关资料，对于理性思考的训练非常重要。

3. 做决定

在做完比较和判断之后，很多人往往马上就得出结论。下结论不必过早，试着抽出一天的时间把它丢在一边，暂时忘掉。也就是说，在对各项事实做好评估后，要把它交给潜意识去处理，让这位善于解决问题的老手，帮你做最后的决定。

不久，判断或决定就会浮上心头，等重新面对问题时，答案已出现了。

这时你会想："好，就这么办。"并准备付诸行动。请冷静一下，你现在应该考虑做个试验，由于经验的关系，潜意识所做的判断，还无法做到天衣无缝的地步。

4. 小规模的试验

在付诸实施之前，必须做项试验，以求手法漂亮。

不妨先对一两人或两三种情况做试验，这样就能了解想法和事实有无出入。如有不符之处，要立刻修正。

做到这个地步，就算妥善了。经过以上步骤——事实的评价、拟订计划、小型试验等，就可导入最后的决定。这样在无形中，就可经由有条理的思考，拟出行动的计划。

许多人对于道听途说的传闻及无关紧要的事实，不停地钻牛角尖，因而导致失败及悲剧。进行理性的思考能够帮助我们判断别人所表达的意见是否有价值；如果全盘接受某些自以为是的偏见、成见，或想当然的臆测之词，是非常危险的。

听到"据说"这样的开场白，理性的思考者会充耳不闻，因为他知道接下来都是一些没有意义的话。理性的思考者知道，对自己负责任的人，一定会根据可靠的事实发表意见或提出任何问题，而不会人云亦云。

理性的思考者也知道，朋友的意见不一定值得采纳。如果他需要忠告，宁可付费寻求可靠的咨询专家。他知道凡事必须经过审慎的考虑，才会有价值。

理性的思考者不会意气用事，他们以合乎逻辑与规则的方式处理问题，不会受情绪的左右。

约翰·杜克没有受过正式的学校教育，也不会写字，却有一套敏锐而理性的思考方式，这使他成为世界上最富有的人之一。他从不浪费时间来争辩琐碎或不重要的事情。他根据事实，迅速地做出决策。有一天他遇到一位老朋友，那位朋友听说杜克准备开2000家香烟连锁店，感到非常惊讶。"我的合伙人和我，"那个朋友说，"只要开2家店就忙不过来了，你还想开2000家！真是异想天开，那绝对是行不通的，而且是一项错误的决定，杜克。"

"错误？"杜克说，"我的一生都在犯错。但是，如果我犯了错，绝对不会停下来讨论。我会继续下去，犯更多的错。"

杜克继续他的计划，开了零售香烟连锁店，后来每个星期的营业额高达数百万美元。他捐出数百万美元设立杜克大学，这些钱对他而言微不足道。他致富的秘诀是，当机立断，迅速做出决策——有些决策做对了。

艾伯特·哈伯对于管理者所下的定义是："一个经常要做决策的人，而且这些决策大部分是对的。"

显然，理性的思考者能够自我约束。果断与明智的决定，是各行各业成功的垫脚石。先决的条件是，要有勇气及坦诚的自我约束。

反转你的大脑，问题迎刃而解

人一旦形成了某种认知，就会习惯性地顺着这种思维定式去思考问题，习惯性地按老办法想当然地处理问题，不愿也不会转个方向解决问题，这是很多人都有的一种愚顽的"难治之症"。这些人的共同特点是习惯于守旧、迷信盲从，所思所行都是唯上、唯书、唯经验，不敢越雷池一步。而要使问题真正得以解决，往往要改变这种认知，将大脑"反转"过来。

有这样一个反转思维的故事：美国的一座城市有座著名的高层大厦，因客人不断增多，很多人常常被堵在电梯口。大厦主人决定增建一部电梯。电梯工程师和建筑师为此反复勘察现场，研究再三，决定在各楼层凿洞，再安装一部新电梯。不久，图纸设计好了，施工团队也已准备就绪。这时，一个清洁工人听说要把各层地板凿开装电梯，便说：

"这可要搞得天翻地覆喽！"

"是啊！"工程师回答说。

"那么，这座大厦也要停止营业了？"

"不错，但是没有别的办法。如果再不安装一部电梯，情况会比这更糟。"

"要是我呀，就把新电梯安装在大楼外边。"清洁工不以为然地说。

没料到，这个"不以为然"的想法，竟成为世界上把电梯安装在大楼外边的"首创"。

有人也许会问，论知识水平，工程师比清洁工高得多，可工程师为什么想不到这一点呢？说来也不奇怪。原来在这两位工程师的心目中，楼梯不管是木质的、混凝土的还是电动的，都是建在楼内。如今要新增电梯，理所当然也只能建在楼内。楼外，他们连想也没想过。

清洁工人的心中却根本没有这个框框。她所想的是实际问题：怎样才能不影响公司正常营业，她本人也不至于失去工作，于是她很自然地便提出把新电梯建在楼外的想法。

言者无意，听者有心。清洁工的一句话打破了两位工程师的思维习惯，开阔了他们的创新思路，世界上第一部大楼外安装的电梯就这样诞生了。

事实表明，一个人只要陷入思维定式，他的思维便会自我封闭。要想突破束缚和禁锢，提高自己的思维能力，就必须时刻注意"反转"自己的大脑。

有一家旅馆的经理，对于旅馆内的一些物品经常被住宿的旅客顺手牵羊感到头痛，却一直拿不出很有效的对策。

他嘱咐下属在客人到柜台结账时，要迅速派人去房内查看是否有什么东西不见了。结果客人都在柜台前等待，直到房务部人员查清楚之后才能结账，不但结账速度太慢，而且客人觉得面子上挂不住，下一次再也不住这家旅馆了。

旅馆经理觉得这样下去不是办法，于是召集了各部门主管，想看看大家有什么更好的法子，能制止旅客顺手牵羊。

几个主管围坐在一起苦思冥想了一番。一位年轻的主管忽然说："既然旅客喜欢，为什么不让他们带走呢？"

旅馆经理一听瞪大了眼睛，这是哪门子的馊主意？

年轻的主管急忙挥挥手表示还有下文，他说："既然顾客喜欢，我们就在每件东西上标价，说不定还可以有额外收入呢！"

大家眼睛都亮了起来，兴奋地按计划进行。

有些旅客喜欢顺手牵羊，并非蓄意偷窃，而是因为很喜欢房内的物品，下意识觉得既然付了这么贵的房租，为什么不能把这些物品带回家做纪念品，又没明文规定哪些不能拿，于是，就装糊涂拿走一些小东西。

针对这一点，这家旅馆给每样东西都标上了价格，并说明客人如果喜欢，可以向柜台登记购买。在这家旅馆之内，忽然多出了好多东西，像墙上的画、手工艺品、当地特色的小摆饰、漂亮的桌布，甚至柔软的枕头、床罩、椅子等用品都有标价。如此一来，旅馆里里外外都布置得美轮美奂，给客人们的印象好极了。

这家旅馆的生意竟然越来越好了！

"反转"大脑，要求我们深入考察问题，发现问题的根源所在。就像文中这位年轻的主管，他发现客人顺手牵羊并非想占便宜，而是真心喜欢旅馆的一些物品，那么，解决的方法很简单：明码标价，卖给他们就行了。在平时的工作学习中，我们也不要让自己陷入思维的死胡同，而要懂得适时"反转"自己的大脑，运用逆转思维，使问题获得解决。

如果找不到解决办法，那就改变问题

一件事情如果找不到解决的办法怎么办？一般的人也许会告诉你："那只能放弃了。"但善于运用逆转思维的杰出人士会这样说："找不到办法，那就改变问题！"

在19世纪30年代的欧洲大陆，一种方便、价廉的圆珠笔在书记员、银行职员甚至富商中流行起来。制笔工厂开始大量生产圆珠笔。但不久他们发现圆珠笔市场严重萎缩，原因是圆珠笔前端的钢珠在长时间的书写后，因摩擦而变小，继而脱落，导致笔芯内的油泄漏出来，弄得满纸油渍，给书写工作带来了极大的不便。人们开始厌烦圆珠笔，不再用它了。

一些科学家和工厂的设计师为了改变笔芯漏油的情况，做了大量的实验。他们从圆珠笔的钢珠入手，试了上千种不同的材料，以求找到寿命最长的"圆珠"，最后找到了钻石这种材料。钻石确实很坚硬，也不会漏油，但是钻石价格太贵，而且当油墨用完后，这些空笔芯怎么办？

为此，解决圆珠笔笔芯漏油的问题一度搁浅。后来，一个叫马塞尔·比希的人却很好地将圆珠笔做了改进，解决了漏油的问题。他的成功得益于一个想法：既然不能延长"圆珠"的寿命，那为什么不主动控制油墨的总量呢？于是，他所做的工作只是在实验中找到一颗钢珠在书写中的"最大用油量"，然后每支笔芯所装的"油"都不超过这个"最大用油量"。经过反复试验，他发现圆珠笔在写到两万个字左右时开始漏油，于是就把油的总量控制在能写一万五六千个字。超出这个范围，笔芯内就没有油了，也就不会漏油了，从而解决了这个大难题。这样，方便、价廉又"卫生"的圆珠笔又成了人们最喜爱的书写工具之一。

马塞尔·比希发现解决足够结实又廉价的"圆珠"这个问题比较困难，便将问题转换为控制"最大用油量"，运用逆转思维使原本棘手的问题得到巧妙的规避，并且不需要耗费多大的精力和财力。

某楼房自出租后，房主不断地接到房客的投诉。房客说，电梯上下速度太慢，等待时间太长，要求房主迅速更换电梯，否则他们将搬走。

已经装修一新的楼房，如果更换电梯，成本显然太高；如果不换，万一房子租不出去，更是损失惨重。房主想出了一个好办法。

几天后，房主并没有更换电梯，可有关电梯的投诉再也没有接到过，剩下的空房子也很快租出去了。

为什么呢？原来，房主在每一层电梯间外的墙上都安装了很大的穿衣镜，大家的注意力都集中到自己的仪表上，自然感觉不到电梯的上下速度是快了还是慢了。

更换电梯显然不是最佳的解决方案，但问题该怎么解决呢？房主运用逆转思维改变了问题，将视角从"换不换电梯"这一问题转换到"该如何让房客不再觉得电梯慢"，问题变了，方案也就产生了——转移大家的注意力就可以了。

无论你做了多少研究和准备，有时事情就是不能如你所愿。如果尽了一切努力，还是找不到一种有效的解决办法，那就试着改变这个问题。

彼得·蒂尔在离开华尔街重返硅谷的时候学到了这一课。

当时，互联网正飞速发展，无线行业也即将蓬勃发展，于是，彼得与马克斯·莱夫钦一起创办了一家叫Field Link的新公司。

这两位创业者相信，无线设备加密技术会发展出一个成长型市场。但是，他们老早就碰到了问题，最大的障碍是无线运营商的抵制。尽管运营商知道移动设备加密的必要性，但是Fieid Link是一家名不见经传的新企业，没有定价权，也没有讨价还价的砝码，而且有许多其他公司试图做这一行，所以Field Link对运营商的需要超过了运营商对它的需要。

另一个问题是可用性。早期的无线浏览器很难使用,彼得和马克斯在这上面无法找到他们认为顾客需要的那种功能。这些挫折将他们引入了一个新的方向。他们不再试图在他们无法控制的两件事,即困难的无线界面和无线运营商的集权上抗争,转而致力于一个更简单的领域——通过E-mail进行支付。

当时,美国有1.4亿人有E-mail,但是只有200万人有能联网的无线设备。除了提供更大的潜在市场外,E-mail方案还消除了与大公司合作的必要性。同样重要的是,E-mail使他们能够以一种直观而容易的形式呈现他们的支付方案,而用无线设备上的小屏幕无法做到这一点。

他们将公司的名字改成PayPal,推出了一项基于E-mail的支付服务。为了启动这项服务,彼得决定,只要顾客签约使用PayPal,就给顾客10美元的报酬;每推荐一个朋友参加,再给他10美元。"当时这样做看起来简直是疯了,但这是拥有顾客的一个便宜法子。"他解释说,"而且我们拥有的这类顾客其实价值更大,因为他们在频繁使用这个系统。这要比通过广告宣传得到100万随机顾客要好。"

PayPal迅速取得了成功。刚开始6个月里,有100多万人签约使用这项新的支付服务。由于容易使用,界面友好,PayPal迅速成为eBay上的支付系统,急剧发展起来。1年后当他们决定关掉无线业务的时候,有400万顾客在使用PayPal,而只有1万顾客在使用其无线产品。尽管eBay内部有一个名为Billpoint的支付服务,但PayPal仍然是在线支付领域无可争议的领袖。PayPal后来上市了,eBay最终以15亿美元买下了PayPal。如果彼得和马克斯坚持他们最初的计划,故事的结局就会截然不同。

为问题寻找到合适的解决办法是通常所用的正向思维思考方式,但是,当难以找到解决途径时,也许最好的解决办法就是将问题改变,改变成我们能够驾驭的、善于解决的,这也是逆转思维的巧妙运用。

第二章 独立思考的思维程式

在这个信息繁杂、多维的时代，
我们经常被各种观点和信息包围，
而独立思考的能力变得尤为重要。
独立思考的思维程式与逻辑作为我们独立思考的引导方式，
可以帮助我们超越传统思维框架，
审视问题的本质，以及培养独立思考的能力。

独立思考是创意和灵感的来源

一提到能力或创造力的提升,我们脑中就会浮现某种技巧或某种理论、某个系统。而真正去照猫画虎的,也大有人在。

但得到的结果是什么?你曾经因此而有所改变吗?

你是否真的将所学的内容了解贯通?你是否真的曾经运用这种技巧去完成一些事?

十分遗憾的是大部分人是在当时听听就算了,真正有效去活用的人微乎其微。

一种技巧,没有能被透彻了解、掌握,是不可能发挥作用的。只知道却不会使用,跟完全不知道并没有太大的差异。

知道再多,拥有再丰富的常识也不会成功。成功是靠行动去实现的,没有行动或无法实际付诸行动的知识或技术,不具有任何意义。

今天的创意是明天的事业。创意的大小和难度成正比,思想的规模越大,产生的构想就越大,成功的机会也就越多。

你现在坐的摇椅,并不是无中生有、凭空变出来的,而是工匠努力的结果。身上的物品,如衣服、拉链、纽扣、表、靴子等,也都是设计师、制造者、工程师、五金或皮革业员工等人构思的成品。就本书而言,其也曾一度是我的一个意念。另外,印刷本书用的纸张、油墨等,也都曾是人类的构想。

自古以来,人类不断地产生新构想,以解决各种问题,并提供新答案。或许将来会出现一种新的瓶盖,以取代目前使用的开瓶器;食物只要经过电子处理即可食用，而把冰箱淘汰掉。总之，今天的创意就是明天的事业。每个人都有独特的创造力，只等把它解放出来的一天。

最了解创意重要性的，要算那些以创意为商品的大企业了。这些公司的研究人员整天专注于构思，他们深切了解创意是产生新产品、发掘新市场的原动力。

我们不妨以3M为例。3M以无尘研磨用砂纸起家，后来因研制出耐水性砂纸而震惊了产业界。1930年，3M在不断创新下，发明了苏格兰胶带，成为今日的必需品之一。由于他们不断地创新，今天的3M公司拥有30家大工厂，生产2.5万种产品。这些创意既非从天而降，也非从池底钻出，而是人脑构思的结晶。

每一个大企业的情形都是如此。一个产品通常要经过不断测试，没有问题后，才能投入市场，产生竞争优势。这些问题都有赖于专人去挖掘，并研究解决的办法。很多实际可行而又出色的构思大都出自这些人的头脑，他们能获得高薪是必然的。

每个人都有创造力。只要肯动脑筋，不论在公司或个人的生涯中，我们都会产生一些创新构思，这时，最重要的就是观察力和机敏性。

很多人自认为没有富有创意的构思，持有这种想法，即使他们偶尔产生好的创意，也会因为阻碍而放弃，使它胎死腹中。

是什么阻碍了他们的创造力和灵感呢？是直线式的思维方式阻碍了他们的创造力和灵感！

直线式思考阻碍思考空间的扩展

过去我们所受的教育,使我们习惯于"直线式思考"。直线,或许可以说是以A—B—C—D—E的顺序依次排下的逻辑。而我们大多数人认为,能迅速查知其联系,推出其顺序的人就是聪明的人。

请看一看我们长久以来使用的笔记簿,上面都有一些直直的线条。

我们顺着这些线条来书写一些东西。

而所谓顺着线条,意味着我们循着直线书写,沿着线条进行思考。其结果是,我们人类创造了所谓的"线条文化"。

所谓的"线条文化",就是重视直线思考的文化。

直线思考,也就意味着"线条式思考"。

我们长久以来惯用的线条思考方式,在不知不觉间束缚了我们。

我们头脑的构造,本来并不是直线型的,特别需要注意的是,我们生活的这个世界本身,也不是直线的。我们眼中所见的世界,甚至没有一样东西,可以称得上是直线的。

没有人规定我们看一件东西或观察一件事物时,要先从哪儿看,再看哪儿,最后在哪儿终结。我们经常是从自己想看的部分、自己感兴趣的部分看起,或以一种在瞬间掌握整体的方式来动用我们的视觉。

人的大脑,最善于进行非直线的"视觉观察"。由于我们的努力,花费极长的教育时间,来教导这种适于进行非直线式思考的大脑去进行直线式的思考与观察,因此在思考过程中经常有阻碍产生,甚至有许多人始终无法适应，这也是理所当然的。

而我们始终认为那种思考无法直线化的人，是不合乎时代潮流的被淘汰者。这是怎样的一种错误！

直线式思考是与创造性的思考最无缘的。因为直线会束缚我们天马行空的灵感，使我们的思考受拘泥、被定型、局限。对一件事情，我们应该有各个角度的不同看法。然而因为固有的知识，我们将自己的观察角度局限在一点上，而失去了许多其他看法与观点。

只知道一些事情，反而使我们看不清事物的实体，更不要说去思考了。如果发现新的观点与角度，则知道得越多，反而越受拘束。

创造跳出直线式思考范畴的秘诀在于视觉式思考。

我们只要把直线的思考方式改换成人类一向擅长的"视觉思考""空间思考"即可。

要发现任何事物，首先必须"观察"。经由全面性的观察，可使事物逐渐清晰、明朗。但此时观察所用的工具，必须以非直线化的工具为前提。

对于习惯"直线思考"的人来说，电影院就是看电影的地方，只能是一种用途、一种样式，在他们的印象中，电影院里无非银幕、一排排的座椅、几扇观众出入的门……除此之外，不会再有别的什么大变化。而美国的道菲兄弟却创造了电影院的另一种格局。

汤姆·彼得斯的《追求卓越》中讲述了这样一个故事：道菲兄弟预感到人们将不满意一成不变的电影院的老格局，打破这种格局将会受到最有好奇心的美国人的欢迎。于是道菲兄弟在佛罗里达州的一个购物中心租了一块场地，投资10万美元，在那里建成了一个餐厅电影院，让电影院的观众如同去酒吧的顾客一样，坐在舒服的座椅上一边吃着三明治、喝着啤酒，一边悠然自得地观看电影。

不久，餐厅电影院开张，这种别出心裁的新鲜事物一出现，立刻受到人们的欢迎，尤其迎合了年轻人的胃口。这里没有传统的一排排的固定座椅，而是较为宽松地放置着桌椅。穿着燕尾服的服务员彬彬有礼地为观众送上三明治、意大利脆饼、啤酒等各种吃食。店堂里布置得非常雅观，在放映电影的时候，人们常会感到在家里与亲朋好友聚会、吃着点心、看着电视节目的那种气氛。

到这里来看电影只需付2美元的门票，在当时的美国，一般电影院的门票是5美元。道菲兄弟并不会因此而亏本，他们的赚头来自食物和饮料，有趣的是：许多观众或顾客并不在意这里将要放什么影片，他们真正喜欢的是这儿"家庭影院"的气氛，很多人是冲着这儿的饮料和食物来的。一边吃着东西一边看着电影似乎是精神和物质的双重享受，双重享受会给人们带来许多乐趣。

道菲兄弟的餐厅电影院开张以后，很快就容纳不下纷至沓来的观众和顾客。第二家、第三家餐厅电影院开张以后，还是满足不了更多顾客的需求。于是，道菲兄弟在全美国开了21家餐厅电影院。白天，这里不放映电影，兄弟俩将电影院出租，供人们举行会议和其他活动。这样影院的利用率就更高了。他们还在20多家餐厅电影院里安装了卫星接收器和屋顶天线，以便接收闭路电视，进行电视会议等。这种新型的电影院给电影业带来了一股新鲜空气。

道菲兄弟就是一个发挥创造力的最好例子，他们跨越了直线式思考的阻碍，从而为自己创造了巨大的财富。

有位心理学家做了一个试验，把狗和鸡放在两侧用墙围住的地方，在它们面前隔上一层铁丝网，网外放上食物。这时候狗和鸡会怎么办呢？

看！有趣的事情发生了。鸡笔直地向食物方向冲去。可是它被铁丝网挡住了，到达不了食物跟前，它急得在网前左右乱撞，仍得不到食物。近在眼前，唾手可得，却可望而不可即。

再看看狗吧！它对食物、铁丝网以及周围的墙环视了一会儿，马上向后转，绕过右侧的墙，跑到了铁丝网的对面，食物到口了。

这虽是个动物试验，但仔细想一想就会发现，它和我们考虑设想时的情景很相似。一种人可能由于正面的进攻或常识方面的原因，总是固执地采用直线式的思考方式，结果总是碰壁，无论如何也解决不了问题。而另一种人是迂回式地思考问题，巧妙地绕过障碍，从意想不到的角度入手，使问题迎刃而解。

未来的能源是采用核反应的方式，利用氢的聚变装置而获取的。为此，必须使氢原子和氢原子激烈地撞击。可是氢原子是气体状的，要将它装置到一个密封的容器内，并给予强大的压力才能使它们互相撞击。

这是一项难度相当大的技术课题，各国都组织了攻关小组。有的为之奋斗了10年、20年，但进展总是不顺利，耗费时间，而且成本高。

想不到美国一家小公司稍稍绕个弯就成功地攻下了这道难关。他们没有被氢原子密封在容器内的所谓正统的方法所束缚，而是利用激光，轻而易举地使氢原子之间发生撞击。

比如，过河没有桥，怎么办？不会迂回思考的人，只能想出"游泳""乘船""用木排"等从水面上过河的办法。而要到达对岸，既能从水中走，也可从天上飞；既有到达上游去的路，也有其他到达彼岸的路。

我们需要在一条道上冲刺前进，但是在创造性设想的领域，更需要轻松迂回式地进行思考。

千万注意不要像鸡那样去"思考"。

问题意识是开发创造性思维的契机

思考是一种先对不明白的事产生疑问或迷惑，而后以询问的心态来寻找解决方法的过程。我们称不断重复这种问与答，而逐渐接近目的或目标的方式为"思考"。

有人说："好的问题，引出一半的答案。"善于思考的人，一定也善于发问。问什么，如何问，也就是所谓的发问巧妙与否，会使结果截然不同。换言之，能针对一个问题，产生许多确切的疑问的人，就是善于思考的人。

我们也可以说，所谓"学问"，就是"学发问"。学问是一种"问的体系"，而将此"问"加以结构化的东西，就是"理论"。因此我们明白，一个好的理论，必须是能促进思考的。如果不能刺激思考、促进思考，那么这种理论不过是一种单纯的知识。

那么，我们究竟应该如何发问呢？当然，只要使用疑问词就可以了。我们是因有疑而问的。换言之，问题是因我们觉得一些事或一些地方很奇怪而产生的。而疑问词的代表，就是我们所谓的"5W1H"。

"5W1H"，是指什么（What）、为何（Why）、是谁（Who）、何时（When）、何处（Where）的5个W，以及如何（How）的1个H。

这是谁都知道，却很少有人去深思、去运用的一些极为普通的单词。

但请注意，只要你能彻底了解"5W"，你对事物的看法将会变得出乎你意料的透彻。将这些单词结构化、体系化，一个未曾想见的世界将会出现，我们称之为"5W创意体系"。

　　How（如何）是一个询问状况的字眼。而这种状况，则是由"5W"所产生的。换言之，所谓How，就是针对"5W"产生，或产生了怎样的关系的状况所发的疑问。或者说，How的意思就是试问该如何使这5个W产生连贯比较好。

　　只要知道将此"5W"加以组合，就会看清某件事的真面目，你一定会逐渐认为这些极为平凡的字眼，实在是一些具有"魔法"的字眼。

打破直线式思考方式之后的发现

如果我们只将"5W"依次排出,那么它只是一些单纯的疑问词的并列,将之直线化,最多不过产生一些问句。譬如:何时谁在哪里做什么、为什么做这类简单的句子。即使我们将前后次序互换一下,也不会有什么新的发现,或产生一些新的突破。

可是一旦我们"离开直线式的思考",结果又会如何呢?当我们将"5W"如下图排列的时候,这5个W,将不再是单纯的疑问词。尝试看看你能从这样的排列中发现什么?你所看到的仍然只是一些疑问词的排列吗?

横轴由Where—Who—When,也就是"空间—人—时间"所组成。我们可以从这样的一种排列中发现,不管我们是否有这样的感觉,或是否出于人本身的意志,我们人是生存在一种时间与空间之中的。换言之,我们可以发现生存在某一个时间、某一个时代,并在某一个空间、某一个区域中活动的一个客体的人的存在形态。

纵轴是由What—Who—Why所构成的。这是一种试问,问生存在时间与空间中的你,要在其中做些什么,为什么要做,又为什么想这样做。

这探明了意志及愿望等,这是你所拥有的主体性。

我们发现,以这种"5W"所建立的疑问词的"结构",在横轴上表示出客观的你,而在纵轴上表现出主体的你,其整体则呈现出我们的人生。

我们也因此明白,我们是生存在这种"疑问"的结构之中的。而所谓的生存,就是不断地回答这些疑问。

当我们以直线去思考事物时,是不可能有这种发现的。同时,若我们不尝试开阔我们的视野,我们仍然无法有这样的领悟。如果我们只将When定义为"何时",我们将无法看见整个世界。

前面我们已了解,如此产生的5W,会启发我们以观察、思考、发现的方式,透视人生。我们生存的这个世界,人生一切的问题,尽在其中。只要我们能了解这个图,自然能知道解决问题的方法。

了解每个W的含义,一边发挥其功能,一边不断地对其重组并理解,就能逐渐透析智慧的奥秘。例如,When这个词,是对"何时"这个时间所产生的疑问。如果我们深刻研究这个问题,就能确立一个"何谓时间"的时间观。而且在回答这个问题时,我们可以运用这种视觉化的方式。

首先我们在纸的中心写上"时间",然后思考"何谓时间",将得到的答案填入四周的区域中即可。在扩大时间一词概念的同时,我们要找出所联想出的关键词,先从"时间""时代""时势""时期""期间"等简单的词开始,联想出"节奏""时机""机会"等关键词。事物会随着时间而"改变"。"改变"这个关键词,在时间这一概念中或许十分重要。如此这般去慢慢思考。

我们也会改变,而其中最健康、自然的改变,应该就是"成长"吧!在时间中,利用时间,我们可以"体会"或"经历"一些事。从这儿又可得到"变动""演变"等概念。就这样,我们可以在一个关键词的周边,以思考发现许多概念相通或相关的关键词,再将这些思考、概念集聚成一个创意的人生。

浮想创意与完整的视野

人生本就是无法分割成片段的一个整体。不过是我们从Who或What、When等不同的角度，来观察我们生活中的种种情景时所看到的东西略有不同罢了。

但观点上的改变，并不意味着构成生活的要素也会随之改变，而是位于中心的Who不断地与When或Where、What或Why重组，来架构我们的生活。

我们的困扰是，如何为一个可以纳入许多区域内的要素，选定正确的区域填入。答案事实上很简单，把它填入我们想填入的区域即可，等全部填完后，再来做整体思考。

也就是说，在将全部的要素分别想出并记入后，再慢慢思考、分类，将各要素移至正确的区域。再从这个阶段进展至研究其结构、找出其相互关系的步骤。

探寻出其位置后，将之定位，并从其解释的多义性与重组性来触发思维的运作。而所谓运作，就是决定能量传送的方向。

什么能量呢？就是思考与意志的能量，使潜在意识觉醒，将知识变为智慧的能量。

思考就是要去发现一些新的事物，因为新的发现和思考会使其成为一件令人十分愉快而且乐意去做的事。

我们人类所创造出的文化，从另一个观点来看，有许多我们认为不尽合理的地方。尤其是长久以来一直引导我们的偏重"直线式思考"。在促进科学发达的过程中，这种直线式的思考是一种强而有力的武器，发挥了极大的效力，因此造成大家认为只有这种直线式的思考，才是能满足人的理性思考方式的错觉，从整个形势来看，这也是无可厚非的。事实上，在科学领域中，直线式的思考的确是十分有效的。我们并非有意要对直线思考做全面性的批评。

直线思考的弊害，是它将一切事物均予以细分化。例如，它将事物切割、划分，再细心地培养，使其各自独立成为一个学问的领域，结果产生了许多专业，决定了许多专家研究的范围，造就了许多运用头脑的职业，最后形成了一个交错而复杂的社会。

这种"直线世界"，甚至巧妙地将我们的意识、感觉分解，使原本该是一个整体的人的意识与生活感觉被细分，被许多看似高深莫测的专家环绕。

所谓生活，本来应该是一件十分简单的事，但现代社会不知为何将它复杂化，结果是使大家都变得非常忙碌。

不断地被排好的时间表追逐，或许意味着失去本来的生活，处在一种"非存在"的状态。

时间表，只有在为某个计划书或愿望而做时，才有意义，但它也会因人的时间观，也就是人对时间所持的态度而有所不同。换句话说，我们不能机械地认为，时间只是一种物理的形态。

其次，过多的资讯，或许也是使我们的生活被细分化的原因之一。甚至有些人连一些知道了也没什么用的资讯都不惜费尽心力去收集，否则就昼夜难安。

如今我们所需要的是资讯生理学，一种发自生理的感性。这种感性，将使我们破碎零星的生活重组成一个整体，这就是我们所说的有创意的生活。

希望大家都能找到这种资讯生理学式的生活方式。

压力是我们生活中不可缺少的一部分。从压力这方面就可以了解我们周围生活环境的飞速变化，但这并不意味着生存本身变得比较困难。

如果从"温饱"这一点来看，我们的生活是变得比过去容易了许多。

而寻找一种适合自己的生活方式，似乎变得越来越困难。

过度压力的起因究竟是什么？它开始于工作不顺利，人际关系不协调，不能做想做的事，不安、不满、急躁等，这些可归结为，当一些事无法顺利进行时，就会产生压力。

而如我们所知的，如果我们不消除造成问题的原因，就无法解决问题。换言之，我们必须先设计我们的生活。

因此，确定幸福生活的方式、掌握自己的生活，才应该是缓解压力的中心课题。为什么我们在现代的生活中，不停地忙碌，不停地感觉自己总被某些事物追赶？这是由原本应该是整体的人的生活被细分化，成为一个个分别独立的情况所造成的。

而我们以为每个独立的部分都有其意义，所以我们不断地去追寻其中的每一个。由于其数量过多，所以我们变得十分忙碌。

此外还有一件我们应该思考的事，那就是，而今我们所拥有的大部分东西都是吸收他人而来的。

或许我们可将这些"东西"说成"信息"。所谓信息潮水，就是我们自己不思考与我们生活有关的一切知识与智慧，而将之委托他人所导致的现象。如果在这种状况下，我们没有学会将这些零星得来的知识信息加以整理与归纳的技巧，那么我们的头脑、心灵与精神日益混乱也就是理所当然的了。

对我们而言，当务之急乃是将至今所得的膨胀的知识与情报，整理归纳出自己的体系，并以此为基础，使自己成为一个能够思考创新的、有智慧的人。

我们应该相信自己的头脑，不要因书上没写、报纸上没登载、电视未报道，或伟人没有如此说就感到不安，甚至丧失自信。

创造性的生活在于不断地发问

所谓思考，就是回答许多问题。

而所谓用自己的大脑思考，就是自己创造并提出问题。只有当我们能"创造问题"时，我们才能以自己的眼睛去观察事物。从观察中得到知识，却不对之产生任何疑问，不能称为"用自己的眼睛"去观察。

如果我们打算继续依靠他人来过我们的生活，这是十分容易的，不但如此，即使我们不想这样做，当我们稍一注意，也会发现我们周围已充斥着大量来自他人的信息。

商业广告为其之最，所有的商品都随着为使我们生活更丰富的宣传，而呈现在我们面前。

一种不需要我们自己思考的生活，似乎正在前方召唤我们。如果我们因此就能过上幸福的生活，一切就没有问题了。

但当有一天你觉得空虚，你想拥有自己的观点、自己的生活，想创造自己的人生时，你要从哪里着手呢？如果你不了解该怎么做，你就没有办法进行。

而事实上进行的方法，只有一个，那就是尝试自己向自己发问。

一边环顾周围，一边针对一些看似理所当然的事自问。我为什么要活下去？对我而言什么是最重要的？什么能使我欢愉？何谓生存？生活与人生又是什么？什么叫工作？时间为何？生命的意义何在？何谓创造？什么叫个性？……在这样不断的发问中，我们开始发现我们并不了解我们原以为自己明白的事物。

而当我们开始意识到自己的"不知"时，就会重新想"知道"。此时看书是没用的，最重要的是尝试用自己的话、自己的头脑去思考、归纳。

在这种时候，将这些问题结构化的"5W"及所创出的定义方式，一定会成为你的得力助手。

只要善用"5W"，问题自会引发出更多问题，而这些问题则会产生或创造出以你自己的话语来表达的答案。

生命的意义，就在于有疑问，并且能回答它。

如果你希望拥有具有创造性的生活，那么请不断地对你周围的一切产生新的疑问。一旦你能做到，你的每一天将是充实且令人兴奋的。

你对自己所生存的这个世界了解多少？

对人、对人的行为、对社会、对爱、对朋友、对经济、对金钱、对工作、对时间及对许多其他事物，你又了解多少呢？

我们所必须思考的一切问题，都是由这些事物所产生的。凡事必有其原理、原则。而是否正确了解这些原理、原则，决定了我们的思考与行为是否能发挥其功效。我们非常需要一些能指示我们基本行为的原则，可被称为人生哲学或生活艺术等的学问，但令人难以想象的是，我们周围竟没有这种学问存在。

将一切学问、学术细分化，巧妙地专业化的现代社会的偏差，使我们的生活日趋复杂，并产生了许多现代病。

在这种状态中，我们所发现的"5W"是具有极大意义的。

将5个W所形成的结构图，在多方面观察运用后，我们发现它使我们生存的处所愈发明快简单。

我们可以用看地图的方式，来看它、透视它。

从今天开始，让我们一起来看这张"5W"图吧！

	What：对象 行为・行动・动作 目的・目标・愿望 事物・现象 人・事・物	
Where：空间 环境・处所・社会 构造・结构・网络	Who：人 主体・对象・成分 朋友・自我・欲望 生命・性格・态度	When：时间 人生・经验・成长 时代・时期・变化 期间・周期・机会 顺序・时机
	Why：价值观 理由・根据・原理 原则・理念・理想 潜在意识・逢迎	

"5W"如图所示，是以Who为中心所组成的。

所谓Who，就是对人所发的疑问。

所谓人，首先有"我"，也就是自己。换言之，"5W"是一个以"自己"为中心的系统，没有一个系统能比它更好。因为迄今为止，从来没有一个理论或技巧，是将"自己"放在中心的。

此外，虽然"我是我""你是你"，但同时我们也都是生物，都是"人"。因此我们都是依据"人的原理"，或者"生物的原理""生命的原理"而生存着。也就是说，感觉、思考、饮食、行为等这一切行动，都是根据生物的原理、原则所做出来的。

我们想吃甜食、想多睡一会儿，都只因为我们是人。而当这些"人的原理"，换言之，"肉体的原理"得到满足时，我们会觉得自己的生活十分充实。

人的肉体有各种功能，从看、听等五官的功能，到走、跑、睡、吃，也就是一切动态的功能，再加上思考、爱人与被爱的功能等。据说，使用这些"潜在的功能"，将会带来"喜乐"与"快感"。

我们有出汗的功能。虽然因过度闷热所出的黏糊糊的汗会令我们十分不舒服，但因运动而自然流出的汗，会让我们觉得十分愉快而舒畅。

其次，我们还有成长的功能。成长，对于人而言也是一件极有快感的事。

有某种功能，意味着"你的肉体中已经储备了"这种能力。人生来就具有内在的功能，我们将之称作"潜能"。

能力开发，就是要引出这些"我们原已具备"的能力，换言之，就是要引出我们的潜能与潜意识。

生命的时间也就是人生全部

当我们越深入思考When（时间），我们越会发现它深奥而不可测。

首先，最重要的是，时间就是人生。所谓人生，就是我们从生到死的这段时间，人生除此无他。而正因为人生就是时间，并且是有限而非无限的时间，所以我们都希望有效地运用这些时间。

因此When就是问，你希望在这段时间内做些什么？你真正想做什么？你想在此之间有怎样的体验？

人生就是时间，在这有限的时间内，我们想做许多事，因此将时间做最大限度运用的技术，就变得十分重要。

有许多"如何善用时间"方面的书籍，但结果并没有任何效果，因为时间的管理，不单是技术的问题。当我们思考时间这个问题时，若不从人生的意义、对每日生活的期待，以及希望如何生活度日的"人生观"来思考的话，是不会产生令人满意的答案的。

时间，也可以说是物质变化的形式，因此需要求变。也就是说，我们期待明天这个日子，能与今天有所不同。而也只有当我们期待变化，期待一些事物改变，才可能期待成长。

由于变化对于我们而言是一件令人兴奋的事，所以我们才会向往具有创意的事，并对有创造性的工作感到激动。而新的、新鲜的、未知的、以后的、崭新的等这些字眼，也常令我们期待不已。

我们会对变化、完成一些事、成长感到莫名的喜悦，这就意味着存在。

因此在时间的概念中，"变化"是格外重要的。

凡事互相牵系存在，在转变、变化中寻求协调。这是我们在了解我们所生存的这个世界上最重要的概念。我们要铭记，凡事没有以"变化"作为其根本的理论，都是没有功效的。

连这个世界的原理、原则，都会随着时代而改变，当然创意也在不断地变化。事实上，正因有"变"，才会有运作，也才会产生能量。

请试着思考空间（Where）这个词。

所谓空间，可以说是一种环境、一种状况，是我们生活的地方。

而Where就是问，我们该如何去创造这个空间。

此外，我们也可以将存在于空间中的事物或工具视为空间的一部分。而如何掌握这个"空间"的结构，就是我们研究空间这个问题的意义所在。

空间可以说完全是由点所构成的，完全没有线的联结。而正因其存在的不合逻辑，掌握其"结构"的意义变得格外重要。

如果在此我们仍以人为中心思考的话，我们会发现我们最大的环境就在人之间，也就是"人间"。如果我们能明白人与人的联结是"场"（处所、地方），我们就会逐渐了解，事实上一切工作都是产生在人与人之间的。

换言之，工作就是人与人之间的联结。

与谁见面，能得到自己想要的东西？

与谁相遇，能完成一些事？要过充实的生活，该认识哪些人？

在这个世界上，不仅你知道什么事很重要，你认识什么人也很重要。

所谓Where，就是创造你活跃的"场"，而这个"场"就在人间。

成功，事实上是得自他人的，也就是有多少人需要你，有多少人支持你。因此，人与人之间的关系是一种财产，也是一种个人资本。

我们称建立这种关系、创造这种行动的环境为交流，也就是努力了解别人与被别人了解。我们的一切思考与行为，都必须是有交流的。

而所谓交流，是指不断准备可以给予对方东西的一种心态。施与受这对关系之间，施永远在先。

而所给予的东西，是使对方高兴、对其有用的"信息"。

新闻界流传着这样一句话："若无题材时，准备些趣闻去拜访人。"施与受是搜集资料的第一步，也是其真意。大原则乃是给对方一些东西，并得到一些东西，也就是要经常准备一些可以给人的东西，准备一些令人乐于接受的礼物。

你有什么东西是可以给予他人的？请试着将之列举出来。

穷究原理原则的姿态与思考

What与Why是表里一体的。

首先，由What这个问题所产生的世界是无限的，我们甚至可以说人所认识的一切事物都是由What这个询问产生的。

"5W"也是由What所产生的。由何谓人、何谓时间、何谓空间等问题，形成各种不同的"定义"。

我们称知道去问What为"知性"，其结果是确立了许多"定义"，"定义"就是看事物的观点。

因此除What以外，"为什么"这个问题，也非常重要。

我们已逐渐明了What与Why之间的关系是十分密切的。我们也知道"做什么"和"为什么要做"这两个问题是互为表里的。

而我们称能掌握此二者之间的关系，去采取正确的行动为"有智慧"。

要把工作做好，一定要不断地问What，要使自己的生活更充实，也要不时地如此自问。这就是"有智慧"地生活的意思所在。

在问"为什么"时，一定要有对这个世界的各种现象、事物一定有其原理、原则的认知，以不断努力去探求此原理、原则的决心为前提。而我们学习与思考的目的就在于，只要我们掌握此原理、原则，凡事都能顺利进行。

在设计人生的结构时，Why这个问题，主要是在问"发现怎样的结构"。虽说是"5W"，但其中每个W的位置若有错误，或许就无法透析人生。

也只有当我们将每个因素放在该放的位置，一个有意义的结构才会产生。

由于"5W"是人生的结构图，因此也就成为思考人间一切问题的架构。而由经营问题、市场学、商品开发、广告宣传活动、人际关系、传播、动机所形成的各种问题，都是这个世界上的问题，因此可以用"5W"来寻找解决之道。

当我们在思考Who，也就是思考人、思考我们自己时，有许多必须知道的事。

我们发现，令人难以想象的是，我们在没有接受任何有关人、有关我们自己知识的情况下，就已长大成人。

我们上学，长时间地受教育，经过无数次考试，努力将最多的知识塞进自己的脑袋，却没有学习任何有关"人"的系统的知识。

如何交朋友、如何赚钱、如何与人相处，这些无法计数的现实生活中普遍存在的事情，我们到处只能自己摸索。由于四处摸索，当然也没有所谓的系统，但大家仍活得好好的。这归功于人本身潜能的发挥。所以如果能更系统地接受这方面知识的话，潜能将被发挥得淋漓尽致。同样的情况，也适用于有创意的生活。

截至目前，你曾学过任何与有创意的生活相关的知识吗？为了成为一个设计家，你曾进专门学校受过相关的教育吗？学校教你什么呢？学校教你一切造型的基本规则、线的画法、颜色的着法，却没教给你如何去创造。当然，也更不用提教给你怎样过有创意的生活了。

一般人在画画时，或许曾被称赞过有创意，除此之外，没有人也没有任何地方曾教我们如何生活得有创意。

大家稍微动动脑筋，就会明白其原因所在。拥有自己的价值观，并依此过自己的生活，做不被认为是什么值得褒奖的事。大家有同样的价值观，在既定的尺度内过一样的生活，才是社会的观念。

但相信大家都已明白，所谓有创造力，就是有自己价值判断的基准。在这样的基准下，要想不逾越整体的社会规范，去过自己的生活，就必须针对自己与一般人做多方面的思考，从而走向成功。

人生最大的财富就是自己

所谓Who，就是了解人。

自我突破、能力开发或自我实现，都始自Who这个问题。其余4个W，都是凭借与Who联结而活性化，其中尤以Why与Who的联结最重要。

如前所述，我们并未系统地学习有关我们本身与其他人的事，因此这只有归因于人与生俱来的一种能活用生命定律的智慧。只有学会活用这种生命的定律，你才能更有效地去思考与行动。

如果你真的希望过上一种充实而有意义、深具创造性的生活，首先就要创造一个能过这种生活的自己。能够活用方法与信息的，同样也是自己。

你是否为了要过充实的生活，而正充实自我呢？

你是否正在培育自己呢？培育健康的身心，产生健康的欲望。为了满足这些欲望，而努力去过有创意的生活，才会使每一天都充实。

你要怎样来健康地培育自己的身心呢？

你知道你为何忧喜、为何哀怒吗？

你知道身心如何密切相连、互相影响吗？

有空时试试做一个透析自己的图示分析。试试单纯地与自己对谈，看看自己到底需要什么。了解自己是最困难的，这句话是可信的。正因如此，问Who才这么重要。

当我们逐渐明白"5W"的意义，自然就会发现这个"5W"，就是设计我们的人生、使我们过上充实生活的体系。

当我们将自己生活中的行动与"5W"互相置换时，我们的许多创意就会因此产生。

如此也就产生了这个"5W"创造出的系统，这就是我们每天能充实度日的重点的"生活创意"。

	⑤ What 在自己工作范围内的思考与行动	
④ Where 创造自己行动的处所	① Who 决定自己的行动、制订计划	② When 创造自己行动的时间
	③ Why 对思考行动的看法状况的掌握	

作为"提高智慧，充实生活，实现自我"的目的，就是对问什么、思考什么的"什么"的答复。

然后，只要对"如何做"这个问题加以回答就可以了。

"5W"曾被称为"发问的理论"。在"5W"的定义中，分别都有"问的说明"。在面对问题时，请尝试针对其疑问创造出"答的说明"。因为只要能回答疑问，就一定可以掌握解决问题的线索。即使没有什么直接的问题，观察"5W"，做一些时间表或计划，同样也能创造使你重新面对自己、展开更充实生活的契机。

当然，疑问并不只有这儿列出的，相信你自己可以想出更多。即使是一些平常的疑问，也会因你如何回答而产生一些全新的观点，且任何问题的答案都不止一个。

周围的事物是你的生活形态

信息，不只是文字与影像。你房间里的一切东西，你穿的衣服，口袋里放的小东西，都是信息的一部分。当然，这里面有一大半是由你选购的。可能你是从堆积如山的物品中，选择了一件或两件购买；或从同样功能的东西中，选择了自己喜欢的设计。这就是信息。

每一个设计都是一种信息，而当这些设计以你这个人为中心集聚时所呈现的世界，又创造了一个新的设计，也就是一个新的信息。这些事物，真实地表现出你的价值观。为你的生活形态定型的，就是这些事物。

由于Where是思考围绕你的空间，所以这些事物在Where中也是不可视而不见的。单纯的生活，也涉及该如何处理这些事物。

了解自己是一件非常困难的事，但如果能看清环绕在你周围的事物，至少可以从中见着一些端倪。

在不至于矫枉过正的限度内，试着将你所拥有的东西明列出来。而条件是，不要以一般的条例方式，而用立体的方式来进行。

从列出的内容中我们会发现，我们意外地拥有许多超出我们需要的东西。不妨想想看，你经常用与几乎不用的东西的比例是多少？这或许能成为测度你理性的计量器。即使不能，在如此狭小的房间内，塞这么多东西，合适吗？在你列出你所拥有的东西的同时也整理一下如何？

设计过的信息，不仅会刺激你的大脑，也会刺激你的五官。这些刺激会使你的感觉敏锐，使你的精神、心智昂扬，使你真正地成长。

第三章 相信思考的力量

思考对每个人来说，
都在其人生道路上起着关键作用，
它甚至影响你的前途和命运。
它是成功者必备的"武器"，是失败者不能成功的原因。
其实，人和动物的根本区别，
就在于人会思考。
所以，人们才能不断改变自己的生活、环境和地位。
没有思考，就不会有探求新事物的欲望，
就不会有发明创造，
就不会有人类的演变和时代的进步。

告诉自己：人生没有固定模式

每个人的人生都不应该有固定的模式方式，有些人看起来比同龄的人更加懂得生活的意义，更加热爱生活，但也有些人，他们看起来更加年轻，更加有激情和活力，但他们在生活上过得很艰难，他们不懂得生活的意义，他们喜怒无常，他们本身并不享受和热爱这个现实的世界，他们活在自己的世界中，他们活在自己的意义感里。他们的整个人生充满了焦虑和恐惧，因为他们自我封闭。人生的意义并不在于固定的模式，也不在于年龄，人生的意义在于从当下生活中获得"意义感"与"满足感"。

某君人很机灵，一次，他去一家理发店理发，店里一个客人也没有，但是店外播放的音乐声很响。看得出来，理发店的生意不怎么样。见有客人上门，几个店员也是不冷不热的，一直在聊天。

理完发，有个店员为他冲洗，问他："你是第一次来我们这里理发吧，感觉怎么样？"

某君说："好坏无所谓。"

店员愣住了，一时不知该说什么，顿了一会儿，说："大哥，你是不按常理出牌啊！来我们店里的客人，大多会说'挺好的'，也有些人会说'不好'。"

听了他的话，某君心里乐了。

其实，某君的回答挺妙的。为什么？因为他不按常理出牌。经验告诉他：如果他回答"很好"或者"棒极了"，对方就会顺着他的话，向他推荐为他服务过的理发师。话术逻辑往往是：这位理发师如何如何了得，我们现在有活动，充1000元送500元，超实惠……这样，客人就会落入他的营销套路。如果回答"不好"呢？对方就会建议客人换个发型，或是进行一些特殊的护理……但是，某君的一句"好坏无所谓"却巧妙地回避了这些问题。

平时，我们理完发后，经常会产生这样的疑问：同样的理发师，为什么给自己理得不好，而给别人理得好看呢？我们只会怪理发师的水平差，从不会怪自己的脑袋长得不合适。有些理发店的工作人员会与顾客争吵，是因为顾客抱怨理发师没理好，而理发师不承认自己的水平差，往往会怼顾客说："要怪也只能怪你的脑袋没长好。"

所以，很多时候，不按套路出牌就是最好的套路，尤其是在心理博弈中，当对手惯性地认为，接下来你将会做出某种反应时，为了争取主动，你可以打破固有思维，反向思考问题。

在一次篮球锦标赛中，A队与B队相遇。当比赛还剩下8秒时，A队以2分优势领先，按理说，A队稳操胜券。但是，那次锦标赛采用的是循环制，A队至少要赢6分才能胜出。可要利用仅剩的8秒钟再赢4分，似乎有些不可能。

这时A队教练突然请求暂停。暂停后比赛继续进行，球场上出现了令人意外的一幕，只见A队球员突然运球向自己的篮下跑去，并迅速起跳投篮，球应声入网。全场观众目瞪口呆，比赛时间到。当裁判员宣布双方打成平局，需要加时赛时，大家才恍然大悟。

A队出人意料的战术，为自己创造了一次赢得比赛的机会。加时赛的结果是，A队赢了6分，如愿以偿地出线了。

在这个案例中，A队教练在遵守规则的前提下不墨守成规，而是突破固有思维，化被动为主动，最终成功出线，真是令人拍案叫绝。

在现实生活中，如果你能意识到自己的惯性思维，那么在下次遇到问题时，不妨试着做出一些改变。有位艺术大师指出："创造之前必须先破坏。"破坏什么呢？破坏传统观念和传统规则。面对瞬息万变的环境，只有敢于挑战规则，打破常规，才能在竞争中获得机会与主动权，才能有更多的出路。

跳出常规思维，感受变化之妙

世间所有的事物都处于不断的变化之中。"乱生于治，怯生于勇，弱生于强"，这是《孙子兵法》中对事物转化所做的表述。而"奇正之变，不可胜穷也"是人们对于种种变化所采取的方法和手段。以兵家来说，作战的方法不过是"正"和"奇"两种。但这正奇之间的变化却是无穷无尽的，就像太极一样，阴阳两极顺着太极圆球旋绕，无始无终，也不可能绝对把它定性。

随着全球经济的高速发展，现代社会中各种各样的新事物、新观念就像市场上的各色货品一样层出不穷，而这些新的东西、新的变化之间总是相互竞争、相互比较。而生活就像长江之水一样一浪推着一浪前进，它永远在变化着，永不停止。这时如果你不知道变通，还是以以往的迟钝和保守的眼光看问题、看生活，就必然会被变化着的新生活抛在后面，成为"不识时务""不合时宜"的人。这时你要学会正确看待正奇之间的变化。

一个刚从会计专业毕业的女大学生，到一家大公司应聘财务工作。因为公司需要有丰富工作经验的会计人员，而刚毕业的大学生太年轻了，所以她在面试时就遭到了拒绝，无缘接下来的专业知识笔试。但这个大学生并没产生放弃的念头，而是一再恳请主考官："希望您能再给我一次机会，让我把笔试做完。"主考官最后答应了她的请求。

结果这个大学生顺利通过了笔试，并拿到了第一的成绩。接下来的复试是与人事经理对话。那位人事经理对这个笔试成绩最好的大学生很有好感，但人事经理听说女大学生只在学校负责过学生会财务工作却没有其他相关工作经验时，有些失望。因为公司不愿意去找一个没有工作经验的人来做财务会计。于是他敷衍地说："今天就到这里，如果有消息我会打电话通知你的。"

女大学生站起来点点头，然后从包里拿出一元钱，双手递给人事经理，说："不管我有没有被录取，都请您打个电话给我。"

女大学生这一神来之笔让人事经理一下子呆住了。他从来没遇到过这种情况，但他还是很快地问："你怎么知道我不会给没有录用的人打电话？"

女大学生回答说："刚才您说有消息就打电话，言外之意是没消息自然就不打了。"这时，人事经理对这个有惊人之举的女大学生产生了浓厚的兴趣。于是他接着问道："如果你没有被录取的话，你希望知道些什么呢？"女大学生平静地回答说："请告诉我，我在什么地方没达到公司的要求，哪些方面不好，这样我好改进。""那一元钱……"人事经理疑惑地开口问。女大学生没等他说完就笑着解释说："给没被录用的人打电话不是公司正常开支，所以我支付电话费，请您一定要打。"

听完女大学生的解释，人事经理马上笑着说："请收回你的一元钱，我不会打电话了，因为我现在就可以正式通知你，你被录用了。"

刚刚毕业的女大学生就这样敲开了自己的机遇之门。现在让我们来好好分析一下这个女大学生成功的面试经过：她在一开始被拒绝后，并没有像许多人一样马上放弃，而是努力地争取到了参加笔试的机会。这证明她有坚毅的品行，而会计这份工作如果没有足够的耐心和毅力是不可能做好的。面对人事经理，她诚实地说出自己没有工作经验，恰恰显示了她诚信的一面，而这对财务工作来说更是重中之重。当她仍然被拒绝时，却做出了变通，也可以说是最关键的举动——以付一元钱的方式让人事经理对她产生兴趣，从而让人事经理知道她就算不被录取，也想得到别人的评价并为此努力改进的想法，表现出她有面对自己不足的勇气和承担责任的上进心及责任心。而自己付话费从另一方面说明她具有公私分明的良好品德。对于财务工作来说，经验虽然十分重要，但坚毅的性格、诚实、勇于承担责任、公私分明的品行更为重要。而女大学生正是通过付一元钱这一奇招让人事经理了解了她的优点，从而抓住机会的。

习惯可以使我们熟能生巧，提高做事的效率，但同时也会让我们故步自封。想想下面的这些名字和词汇：哥白尼、崔健、陈美、爱因斯坦、互联网、eBay、鲁豫、Google……也许这可以让你联想起一些事情。这所有的一切在告诉我们："原来还可以这样。"习惯成就了我们的成功，但同时也会成为我们更进一步的阻力。这就像优秀是卓越的敌人一样，面对生活，我们要不停地告诉自己，生活原来还可以这样！你所遇到的任何事都没有规则、没有限制，生活其实非常简单，只要你善于变通。面对永远在变的生活，你需要随时拿出新招数、新手段来应付新情况、新变化、新形势。如果你想改变，就请跳出你的正常思维，只有这样才能以奇制胜。

在日新月异、不断变化的当今社会，生活已经不再要求人们总是沿着以往的思路思考，而是要求我们灵活地应对生活中各种各样的复杂情况。我们在人生的路上会遇到这样那样的问题，与其为自己以往的经验所缚，不如多动动脑筋让自己活得与众不同，做到奇正结合。

不妨换个角度看问题

"你不能延长生命的长度,但你可以拓宽它的宽度;你不能改变天气,但你可以左右自己的心情;你不能控制环境,但你可以调整自己的心态。"我们的生活并不是一无是处,抛开负能量的一面,就能换个角度,换种心情,换种活法。

我认识一个大姐,叫董芸。她在我们本地是很平凡的一个女人,她性格内向、不善言谈、穿着朴素。她有一手好厨艺,有一个踏实的老公和一个争气的儿子。在单位里,很多女同事羡慕她。然而,我这位大姐自己却不觉得幸福,她的内心总是焦虑,时常悲伤、抑郁。

一天,董芸和几个朋友聚餐吃饭,闲聊中诉苦道:"老公虽然对我不错,但他是农村的,家里条件也不好,工作也不太好。儿子虽然考上了名牌大学,但学费也高啊,每年想起给孩子凑学费我就发愁。生活本来就拮据,现在更是什么都舍不得买了。现在房价这么高,以后孩子毕业,到谈婚论嫁时,我们拿什么给他买婚房啊……"

听完董芸的诉苦,她一个贴心朋友耐心地劝道:"你干吗要这么悲观?你现在所悲伤的事,是根本没有发生的。你这不是杞人忧天吗?你不妨换个角度来看,你老公对你这么专一,虽然钱挣得不多,但比很多有钱男人在外面拈花惹草强很多不是吗?你儿子考上了名牌大学,虽然学费贵,但毕业以后就业不成问题,而且一定会有一个好的工作,到时候他会挣更多的钱来报答你们的养育之恩,哪儿还用得着你们为他的以后考虑?虽然现在你们挣的钱相比有钱人差远了，但也比很多人强啊，有工作就每个月都有工资，这不就是很美好的生活吗？"其他几个朋友也跟着附和。董芸听了大家的劝告，脸上露出了会心的微笑，感觉一下子轻松了很多。

生活中遭遇同样不顺心的事，有些人能够坦然对待，依然保持一份快乐的心情，有些人却整日觉得焦虑、郁郁寡欢，钻情绪的"牛角尖"。这就是以不同的角度看待问题的结果。能够换个角度看问题的人，痛苦再大，也会以"塞翁失马，焉知非福"的态度来看待不幸。

换一个角度，发挥逆向思维，在走出困境的同时，也许就获得了柳暗花明的改变，那时你会觉得原来一切都没有想象中那么难，什么难题在你这里都不是问题。人生如此，该是何等洒脱、何等惬意！

1. 让自己的心淡泊一点

让自己的内心淡泊一些，不要总是想付出了很多，回报却很少。把得失看淡一些，让自己内心平和一些。从另一个角度看问题，很多是非荣辱会成为过眼云烟，我们也就能很好地控制自己的情绪了。

2. 希望，要时刻留在心里

要知道，每一个明天都有希望，无论身陷什么样的逆境，我们都不应该感到绝望，我们还有许多个明天。只要未来有希望，人的意志就不容易被摧垮，前途比现实重要，希望比现在重要，人生不能没有希望。

3. 在生活中焕发思维的活力

平日里，我们可以选择一些自己喜欢的项目来进行健身活动，在运动中转换自己的思维方式。节假日，我们可以选择离开闹市，亲近大自然，享受阳光，这样也能转换我们的思维方式，让我们从紧张的工作和生活中放松下来，同时也让我们得到重新焕发活力的机会。

常常转动脑筋，我们才能足够睿智，否则，就会固守思想，缺乏灵活思维。一个人，如果不善于思考，就无法想出更好的方法，找不到更宽的路子。只要我们换个角度看问题，就会发现一切都没有想象的那么糟糕，正所谓"思路一变难题解，思路一变天地宽"。

有破才有立，就怕不敢去想

置身于困境中，破局的关键不仅在于问题本身，更在于我们有没有应对困难的勇气，在于我们有没有认真去"想"。许多时候，不怕事情难办，就怕你不敢去想，不去打开自己的心结。如果把问题比作锁，那么，每把锁都对应一把可以打开它的钥匙，而这把钥匙就藏在我们身上。

有一个有钱人，每次出门都担心家中被盗，想买只狼狗拴在门前护院，但又不想雇人喂狗。经过认真的思考，他想到了一个办法：每次出门前，他都会把家里的Wi-Fi密码去掉，然后放心地出门。等他回来时，他家门口总蹲着一些玩手机的人。所以，他家中的财产非常安全。

如果按常规思维想问题，看家护院，应该养一条狗比较好，但是换个角度想这个问题，结果就大不一样了，看家护院不一定非要养狗，方法对了，一大帮人愿意免费帮你看家护院。

在人生的路上，不可能总是一帆风顺，当我们发现自己一直坚持的路行不通时，不妨反转思路，试试另外一条路，说不定就此开辟出一片新的天地。

曾经，有两个观光团到日本伊豆半岛旅游，那里的路况有点差。其中一位导游不断地向游客表示歉意，说路面崎岖不平，给大家带来不便。游客也跟着抱怨连连，说为什么要走这么难走的路。另一位导游却诗意盎然地对游客说："各位游客，我们正在走的这条路，可是赫赫有名的伊豆大道哦！"结果游客都兴奋地望着窗外，饶有兴致地欣赏着沿途的美景。

下面这个故事，讲的也是这个道理。

几年前，A君开始经营豆类生意，开始，他赔得一塌糊涂，后来他改变了思路，生意才逐渐有了起色。而他这个思路也很简单：如果豆类销路较好，他就直接卖豆子赚钱；如果豆子滞销，就采用不同的应对办法。

第一种办法：将豆子沤成豆瓣，卖豆瓣；如果豆瓣卖不动呢？就腌了，卖豆豉；如果豆豉还卖不动，再加水发酵，改卖酱油。

第二种办法：将豆子制作成豆腐，卖豆腐。如果豆腐不小心做硬了，改卖豆腐干；如果豆腐不小心做稀了，改卖豆腐脑；如果实在太稀了，改卖豆浆。如果豆腐卖不动，放几天，改卖臭豆腐；如果还卖不动，就让它彻底发酵后，改卖豆腐乳。

第三种方法：让豆子发芽，改卖豆芽；如果豆芽卖不出去，再让它长大些，改卖豆苗；如果豆苗还是卖不动，就再让它生长，干脆当盆栽卖，并起一个好听的名字；如果还卖不动，就赶紧找块地，再把豆苗种下去，几个月后，收成豆子再拿去卖。这样一来，一粒豆子都不会浪费。

不得不说，A君是个精明的生意人，他的眼界与思路要甩常人几条街。所以，在他的脑子里，没有"生意不好做"这一想法，只有如何把生意做得更好的思路。他善于把问题倒过来想，把别人认为的困难视为新的机会，这样的生意人又怎么会不赚钱呢？

每件事情都有多个方面，按常规思路看是挫折、困难的事情，如果换个角度来看，往往蕴藏着新的机会。

《思考的力量》中讲述了这样一个故事：两个农村小伙想进城找工作，一个想去上海，另一个打算去北京。在候车厅时，他们听人议论说：上海人做事精明，外地人问路都收钱；北京人比较淳朴大方，见到乞讨者，不但会给钱，还会给吃的、给穿的。于是，原本想去上海的小伙子想：还是去北京好，即使挣不到钱，也不会被饿死。而打算去北京的那个小伙子也在琢磨：还是上海好，给人指路都能赚钱，可见遍地都是商机。他们都想退票，结果两个人在退票窗口相遇了。要去北京的小伙子得到了去上海的票，去上海的小伙子得到了去北京的票。

来到北京后，小伙子觉得北京非常好。他来了一个多月，还是没有找到合适的工作，虽然身上的钱花完了，但是没有饿着肚子。渴了，就到银行大厅里找水喝；饿了，就到超市卖点心的地方试吃。

而去上海的小伙子发现，在上海做很多事情都可以赚钱：打扫厕所可以赚钱，卖饮料也可以赚钱。由于没有本钱，他就从郊外挖了一些含有腐殖质的泥土，用塑料袋包装好，卖给城里养花的人。后来，他攒了一些钱，租了一个门面。再后来，他注册了自己的公司。有一次，他乘火车去北京考察市场。他刚下火车，只见一个脏兮兮的人伸手向他要钱，就在他抬头的瞬间，两个人都愣住了，因为六年前，他们曾换过一次票。

虽然这并非一个真实的故事，但多少有些让人唏嘘。同样背景的两个人，在短短的六年时间，却产生了巨大的差距，原因在哪里？在于思维不同、心态不同。原本打算去上海的人，受惯性思维控制，改变主意去北京，并且想当然地认为，"精明"是算计，是坏事，而把"淳朴大方"想成对自己"无害"，也正是这种想法，使得他失去了向上的动力。相反，本来要去北京的人却转换角度看问题："精明"恰恰说明人们有商业头脑，说明这里商机较多。结果，这种打破常规的思维给他带来了机会，最终成就了他。

决定人生高度的不是学历、背景、资历、经验，而是看问题的角度、深度和广度。同一种状况，由于不同的思维，产生了不同的态度和结果。所以，世界本身是没有问题的，问题是由我们的思想产生的。

格局是你思考的结果

那只常年生活在井底的青蛙，坚决不相信天空无边无际，觉得鸟儿在说大话，所以它的格局只有井口那么大。想让自己的格局变大，我们就需要跳出自己所在的"井"，从宏观的角度思考问题。

某公司的老板想要选择一个能从宏观角度思考问题的员工，所以，他给那些获得最终面试资格的求职者设计了这样一道题：有1998位乒乓球运动员打淘汰赛，问组织者需要组织多少场比赛。

当时大多数人准备用1+2+4+8……这样的思路做下去，只有一个求职者不是很肯定地说："我觉得是1997场。"最后老板任用了这个员工。

有人不理解，老板解释道："其实这个问题的答案很简单，就是让1998个人决出冠军，那就需要淘汰1997个选手，而一场淘汰赛只淘汰一个选手，所以需要组织1997场比赛。这个问题的关键不是'如何安排这些比赛'，而是'需要组织多少场比赛'，所有安排上的细节，都可以不予考虑。"

这其实就是一种从宏观上思考问题的方法。所谓"不谋全局者，不足以谋一域"，而对于"全局"和"一域"之间的关系，我们可以将其看作事的"大局"和"小局"的关系。但凡从小局出发的人，往往更容易局限在小局之内，只关注小局的发展，结果扭曲了方向、混乱了成果。

而从大局出发的人，却能先观察好大体的走势，能够从更大、更广的范围中寻找大的机遇，直接看中问题的本质，然后根据全局拟订计划，从而赢得正确的发展机遇。

因此，我们在审视一个问题的时候，只有从战略的、宏观的角度去看待和思考问题，才能进一步开阔我们的视野，做到运筹帷幄，不被眼前的问题牵着鼻子走。

当我们只看得到眼前的"井口"时，很容易就会忽略自己的工作兴趣、理想甚至已有的天赋，从而摈弃原本属于自己的舞台，就为了那块只有自己看得到的"天空"。只有跳上"井沿"，敢于用自己的学识和才华证明自己的能力，勇于用自己的信心和眼光去挖掘自身潜力的人，才能得到一个资源丰厚、机会良多的发展平台。

在动漫界独树一帜的《火影忍者》相信很多人都不陌生，其经典和火爆程度，更是不言而喻。这一作品的作者是岸本齐史，他擅长画忍者系列的动漫。

最开始，他这种大气蓬勃的画风很快获得了主编的认可，并在漫画领域崭露头角。但日本的漫画界竞争激烈，岸本齐史很快就发现，如果只依靠自己最完美的创作来赚钱，是非常不容易的。为了保住自己眼前的这个"井"，他决定依据市场的流行风格去画画。

时间一长，他俨然成了作画的机器。而当他再把自己的作品拿给主编看时，对方却失望地摇摇头。"你丢失了自己。"主编这样说。

这番忠告，让岸本齐史开始重新审视自己这几年的状态。他疲于温饱，丢失了自己，视野变得狭隘，结果被挤在一个快让人看不到的角落里了。为了改变这种状态，他一改之前商业性的画风，像最开始那样去摸索自己的创作风格。

随后几年，他的收入虽然直线下降，但他的坚持最终换来了巨大的成就。随着《火影忍者》的走红，他很快就成为亚洲顶级的漫画家之一。

这就是一位年轻人缔造传奇的奋斗史，它很好地向我们说明了一个问题：只看到眼前的人是找不到舞台的。所以，想要登上人生大舞台去续写传奇，就要打开自己的格局，千万不要只盯着头上那一小块"井口"看。否则我们只会停留在原地，止步不前，更谈不上什么进步了。

所以，我们需要坚持吸取新鲜营养，学习别人的经验，方能集众家之长，弥补自己的不足，从而不断地提升自己的能力。

有问题才是常态

几乎所有人都想当然地认为,在某件事情上,如果没有问题,就说明已经完全明白、掌握了,或是进步了,抑或是达到了一个新的高度。其实,这是一种非常错误的观念。现在让我们逆转我们的思维:没有问题,是不是说,就没有再前进和突破的可能了呢?

一位知名教育家说过:"什么叫学问?学问就是怎么学习问问题,而不是学习答问题。如果教会一个学生去问问题,去怎样掌握知识,就等于给了他一把钥匙,他可以用这把钥匙打开各式各样的大门。"

穆尔是剑桥大学著名的教授,也是一位很有声望的哲学家,他有一个学生,叫维特根斯坦。有一次,著名哲学家罗素问穆尔:"你最棒的学生是谁?"穆尔不假思索地回答说:"维特根斯坦。"

"哦,为什么?"

"因为在所有的学生中,只有他一个人在听课时会露出一副茫然的神色,而且总是有问不完的问题。"

后来,维特根斯坦的名气超过了罗素。有人问:"罗素为什么会落伍?"维特根斯坦说:"因为他没有问题了。"

由此看来,没有问题并不代表懂了、会了,而是代表思想僵化了,没有创新性了。可见,没有问题恰恰说明真的有问题。在这个世界上,没有问题的人生是不存在的。只要我们活着,就会面临问题,不管是生活,还是工作,我们每天都在与问题打交道,快乐是因为问题,不快乐也是因为问题。

很多人曾读过下面这个故事。

《高中作文命题大全》里有这样一则命题素材故事：有一个年轻人在事业上受挫，整天闷闷不乐。有一天，他独自坐在一家咖啡厅的角落，满脸愁容地喝着咖啡。在另一张桌子旁坐着一位老人，老人一直关注着这个年轻人。过了一会儿，老人走上前去，对年轻人说："你一定遇到了什么问题，如果你愿意告诉我，我希望可以帮助你。"年轻人看了老人一眼，冷冷地说："你帮不了我，我的问题太多了。"老人掏出名片，递给他，接着说道："如果你相信我的话，我想带你去一个地方。"这个年轻人看了老人一眼，犹豫了一下，没有拒绝，和老人坐车来到了郊外。下车后，老人指着一排排的墓碑说："你看见了吗？只有躺在这里的人，才是没有问题的。"老人的一句话，扫去了年轻人脸上的阴霾，他向老人说了声"谢谢"，便回头向自己曾遭受挫折的地方走去……

这个故事折射出来的道理很简单：在这个纷繁的世界上，每个活着的人都是有问题的，关键是，我们不能被问题困住心、迷住眼、绊住脚。

现实生活中，你是一个有问题的人吗？已经习惯了一种工作或生活状态的你，是不是已经不愿意做出改变，觉得自己生活在一个没有问题的世界中呢？你是否对生活和工作丧失了思考的能力和观察的智慧呢？如果是，那真是一件很危险的事情。

在问题面前，要学会运用批判性思维：没有问题，往往只是一种表象，只有不思考的人，才没有问题。没有问题，说明你正面临着更大的问题，即丧失了发现问题的能力。大多数人是懒惰的，能不多想，就不多想。只有那些善于在毫无异议中发现问题的人，才会看到别人看不到的错误，获得别人不能获得的成绩。

2006年8月24日，第26届国际天文学联合会在捷克首都布拉格举行，在这次会议中，冥王星被降级为类行星，不再为太阳系九大行星之一。会议之所以做出这个决定，主要是因为冥王星太小了，直径约为2300千米，甚至没有月球大，所以没有资格占据行星的位置了。但是，这段历程并非一帆风顺，从有人大胆质疑冥王星不具有行星资格开始，争论一直没有停止过。而且很多人认为，这么多年来，人们早已接受了九大行星，冥王星够不够资格已经不重要，没必要开会做决定。但严谨的天文科学家不同意这个观点，他们认为，必须改变，不能有半点马虎。现在，人们脑海里的"九大行星"已成为历史，在天文科学家的严谨下，"九大行星"变成了"八大行星"。

有些问题，站在原来的角度上看不是问题，或者没有问题，但换个角度看，却可以发现新问题。所以，有问题是一种常态，而没有问题则是一种病态。

著名科学家爱因斯坦说过："提出一个问题往往比解决一个问题更重要。"发现问题也是一种能力，一种可以从外界众多的信息源中，发现自己需要的、有价值的信息的能力。所以，一定要学会从"没有问题"中发现问题！不能让自己处于一个没有问题的状态，也不能让自己处于一个有了问题却发现不了问题症结的状态。

善于思考，才能永远抢占先机

对于大学毕业生来说，努力工作的态度属于良好的个人品质。但是在工作中，单纯地依靠努力是远远不够的。毕竟，工作中出现的难题并不是依靠细致和专心就能够得到解决的，而是需要多动脑、勤思考的，只有发挥个人的才智才能做出成绩，获得成功。我们处在一个竞争日益激烈的社会环境中，要想让自己立于不败之地，就要开动脑筋，善于分析问题和解决问题。

在工作中我们经常见到这样的现象：同样的工作任务，有的人能够十分轻松地完成，而有的人在全力以赴后筋疲力尽、疲惫不堪之际却依然会出现这样或者那样的问题。其中根本的区别就在于，前者是用脑袋在工作，想方设法地解决问题，而后者只停留在表面的肢体劳动中。一个人要想成为事业和工作上的强者，不仅需要兢兢业业的刻苦精神，更需要主动想办法解决问题和困难。

一家公司的几个员工在为一栋刚刚竣工的大楼安装电线。在一个地方，他们需要把电线穿过一条长25米，但是直径只有3厘米的管道，而这个管道砌在了砖石中，并且还拐了几个弯。几个员工对此都感到束手无策，觉得这项工作无法完成。

后来一个员工灵机一动，想到了一个非常好的主意：他跑到市场上买了两只白鼠，一只公的，一只母的。他绑了一根电线在公白鼠身上，然后把它放在一根管道的一端。另一个员工则把那只母白鼠放在管道的另一端，并且用力捏它，让它发出吱吱的声音。这端的公白鼠听到那端母白鼠的叫声之后，就按捺不住了，拖着那根电线沿着管道向前跑去。当公白鼠跑到母白鼠面前的时候，两根电线也连接在了一起，穿电线的难题最终得到了圆满解决。公司的老板听说这件事之后，对想出这个点子的员工大大夸奖了一番。

一项行动能够取得圆满成功，主要取决于实现目标的手段是否完美。在难题面前，一个意志坚强的人未必能够比脆弱的人取得更大的成功，这是因为意志坚强者在解决问题的时候只注重坚持就是胜利的格言，却经常忘记勤于动脑的原则。在棋坛上有这样一句话"一着不慎，满盘皆输"，我们从这句话中可以清楚地体会到思考的重要性。

比尔·盖茨经常告诫他的员工，在工作中要学会思考。学会结合自己所学的知识，分析问题，找出缘由，巧妙解决问题。

在某个县城的一条街上，有两家影院：甲影院和乙影院。为了在竞争中获胜，两家影院都使出浑身解数争相招揽顾客。情急之下，甲影院老板拿出了"跳楼大甩卖"的架势，宣布电影票打三折。乙影院的老板见状，索性放出话来说，电影票打两折，并且每一个前来看电影的顾客都有一包瓜子相送。

甲影院的老板认为乙影院的老板疯了。电影票打两折就是两元钱，而一包瓜子的价格也是两元钱，这样做岂不是白请别人看电影吗？在乙影院的强大攻势下，甲影院只好关门大吉，这条街上只剩下乙影院一家了。大家心里都认为这下子乙影院应该要恢复竞争之前的票价了，却发现电影票打两折送瓜子的手段依然被保留了下来。半年之后，乙影院的老板不仅没有宣告破产，反而换了大房子，买了高档车。甲影院的老板看到之后，感到十分不解。为了了解真相，甲影院的老板就通过别人来打听乙影院老板的生财之道。

最后，甲影院老板终于弄清楚了事情的真相。乙影院的门票价格定在两元肯定赔钱，送一包瓜子更赔钱，但是免费送的瓜子是超咸的五香瓜子。人们吃了之后，很容易就会产生口渴的感觉，这时候影院就不失时机地卖起饮料。而这些饮料也是经过精心挑选的甜味饮料，让人越喝越渴，不得不再去买。虽然看电影送瓜子让电影院赔本不少，但是那些饮料却给乙影院带来了高额的利润。

或许，有人认为乙影院老板的别有用心是不择手段，但不容置疑的是，这位老板正是依靠着自己的聪明才智才在竞争中占了上风，为自己创造了高额的利润。古人说"谋定而后动"，谋的意思就是思考、谋划。只有经过认真的思考和筹划，才能取得工作和事业的成功。

智慧的力量是无穷的。在竞争的大潮中，谁能够学会思考、善于思考，谁就能够占得先机，领先一步获得成功。学会了动脑，就掌握了永恒的财富，即使是赤手空拳，也照样能够为自己创造出一番天地来。

逆转思维是一种重要的思考能力

逆转思维法又称反向思维法，是指为实现某一创新或解决某一用常规思路难以解决的问题，而采用反向思维寻求解决的方法。它主要包括反转型逆转思维法、转换型逆转思维法、缺点逆用法和反推因果法。

逆转思维法的魅力之一，就是对某些事物，从反面进行利用。运用逆转思维是一种创造能力。

逆转思维就是大违常理，从反面探索问题和解决问题的思维。

南唐后主李煜派博学善辩的徐铉到大宋进贡。按照惯例，大宋朝廷要派一名官员与其使者入朝。朝中大臣都认为自己辞令比不上徐铉，谁都不敢应战，最后反映到宋太祖那里。

太祖的做法大大出乎众人意料，他命人找了10名不识字的侍卫，把他们的名字写上送进宫，太祖用笔随便圈了个名字，说："这人可以。"在场的人都很吃惊，但也不敢提出异议，只好让这个还未明白是怎么回事的侍卫前去。

徐铉见到侍卫后，滔滔不绝地讲了起来，侍卫根本搭不上话，只好连连点头。徐铉见来人只知点头，猜不出他到底有多大能耐，只好硬着头皮讲。一连几天，侍卫还是不说话，徐铉也讲累了，于是不再吭声。

这就是历史上有名的宋太祖以愚困智解难题之举。

照一般的做法：对付善辩的人，应该是找一个更善辩的人，但宋太祖偏偏找一个不认识字的人去应对。这样一来，反倒引起了善辩高手的猜疑，认为陪伴自己的人，是代表宋朝"国家级水平"的人，既猜不透，又不敢放肆。以愚困智，只因智之长处根本无法发挥，这实际上是一种"化废为宝"的逆转思维方式。逆转思维对经营或者技术发明同样具有很大的创新意义。

1820年，丹麦哥本哈根大学物理学教授奥斯特通过多次实验证实存在电流的磁效应。这一发现传到欧洲大陆后，吸引了许多人加入电磁学的研究。英国物理学家法拉第怀着极大的兴趣重复了奥斯特的实验。果然，只要导线通上电流，导线附近的磁针就立即会发生偏转，他深深地被这种奇异现象所吸引。当时，德国古典哲学中的辩证思想已传入英国，法拉第受其影响，认为电和磁之间必然存在联系并且能相互转化。他想既然电能产生磁场，那么磁场也能产生电。

为了使这种设想能够实现，他从1821年开始做磁产生电的实验。几次实验都失败了，但他坚信从反向思考问题的方法是正确的，并继续坚持这一思维方式。

10年后，法拉第设计了一种新的实验，他把一块条形磁铁插入一只缠着导线的空心圆筒里，结果导线两端连接的电流计上的指针发生了微弱的转动，电流产生了！随后，他又完成了各种各样的实验，如两个线圈相对运动，磁作用力的变化同样也能产生电流。

法拉第10年不懈的努力并没有白费，1831年他提出了著名的电磁感应定律，并根据这一定律发明了世界上第一台发电装置。

如今，他的定律正深刻地改变着我们的生活。

法拉第成功地发现电磁感应定律，是运用逆转思维方法的一次重大胜利。传统观念和思维习惯常常阻碍着人们的创造性思维活动的展开，逆转思维就是要冲破框框，从现有的思路返回，从与它相反的方向寻找解决难题的办法。常见的方法是就事物的结果倒过来思维，就事物的某个条件倒过来思维，就事物所处的位置倒过来思维，就事物起作用的过程或方式倒过来思维。生活实践也证明，逆转思维是一种重要的思考能力，它对于人才的创造能力及解决问题能力的培养具有相当重要的意义。

思维的广度要拓展。

当你面对一个史无前例的难题，沿着某一固定方向思考而不得其解时，灵活地调整一下思维的方向，从不同角度展开思考，把事情反过来想一下，那么就有可能反中求胜，摘得成功的果实。

《二十四史·宋史》中记载了这样一件事：宋神宗熙宁年间，越州（今浙江绍兴）闹蝗灾。成片的蝗虫像乌云一样，遮天蔽日。蝗虫所到之处，禾苗全无，树木无叶，一片肃杀景象。当然，这年的庄稼颗粒无收。

当时，新到任的越州知州赵抃就面临着整治蝗灾的艰巨任务。越州不乏大户之家，他们有积年存粮。但老百姓在青黄不接时，大都过着半饥半饱的日子，而一旦遭灾，便缺大半年的口粮。灾荒之年，粮食比金银还贵重，哪家不想存粮活命？一时间，越州米价飞涨。

面对此种情景，僚属们都沉不住气了，纷纷来找赵抃，求他拿出办法来。借此机会，赵抃召集僚属们来商议救灾对策。

大家议论纷纷，但有一条是肯定的，就是依照惯例，由官府出告示，压制米价，以救百姓之命。僚属们七嘴八舌，说附近某州某县已经出告示压米价了，我们倘若还不行动，米价天天上涨，老百姓将不堪其苦，甚至会起事造反。

赵抃听了大家的讨论后，沉吟良久，才不紧不慢地说："今次救灾，我想反其道而行之，不出告示压米价，而出告示宣布米价可自由上涨。""啊？"众僚属一听，都目瞪口呆，先是怀疑知州大人在开玩笑，而后看知州大人认真的样子，又怀疑这位大人吃错了药，在胡言乱语。赵抃见大家不理解，笑了笑，胸有成竹地说："就这么办。起草文书吧！"

军令如山倒，大人说怎么办就怎么办。不过，大家心里都直犯嘀咕：这次救灾肯定会失败，越州将饿殍遍野，越州百姓要遭殃了！这时，附近州县纷纷贴出告示，严禁私增米价。若有违犯者，一经查出，严惩不贷。揭发检举私增米价者，官府予以奖励。而越州则贴出不限米价的告示，于是，四面八方的米商纷纷闻讯而至。头几天，米价确实增了不少，但买米者看到米上市得太多，都观望不买。然而过了几天，米价开始下跌，并且一天比一天跌得快。米商们想不卖再运回去，但一则运费太贵，增加成本，二则别处又限米价，于是只好忍痛降价出售。这样一来，越州的米价虽然比别的州县略高点，但百姓有钱便可买到米；而别的州县米价虽然被压下来了，但百姓排半天队也很难买到米。所以，这次大灾，越州饿死的人最少，受到朝廷的嘉奖。

僚属们这才明了赵汴的计谋，纷纷对他表示敬佩，并来请教其中原因。赵汴说："市场之常性，物多则贱，物少则贵。我们这样一反常态，告示米商们可随意加价，米商们蜂拥而至。吃米的还是那么多人，米价怎能涨上去呢？"原来奥妙在于此。

很多时候，只从一个角度去想问题，我们很可能进入死胡同，因为事实也许存在完全相反的可能。有时，问题实在很棘手，从正面无法解决，这时，探寻逆向可能，反倒会有出乎意料的结果。

倒过来想就是如此神奇，看似难以解决的问题，从它的反面来考虑，立刻迎刃而解了。这种方法不只适用于科学研究，在企业经营中也能催生出一些好的策略。

北京某制药企业刚刚生产出一种特效药，价钱比较高，企业又没有很多预算做广告和搞促销，所以销量一直不是很高。有一天，企业在运货过程中无意间将一箱药品丢失，面临几万元的损失。面对这样一个突发事件，企业的领导层没有简单地惩罚当事人了事，而是将问题倒过来想，试图从问题的反方向入手来解决，并迅速形成了一个意在营销的决策：马上在各个媒体上发表声明，告诉公众企业丢失了一箱某种品牌的特效药，比较名贵，疗效显著，但是需要在医生指导下服用，因此企业本着对消费者负责的态度，希望拾到者能将药品送回或妥善处理而不要擅自服用。企业最终并没有找到丢失的药品，但是发表声明过后，通过媒体、读者茶余饭后的口口相传，消费者对该药品、品牌和企业的认知度与信赖感明显提高。很快，药品的知名度和销量迅速上升，这个创意为企业创造的效益已经远远高于丢失药品导致的损失了。

"倒过来想"的方法可以拓展我们的思维广度，为问题的解决提供一个新的视角。我们已经习惯了"正着想问题"的思维模式，偶尔尝试"倒过来想"，也许你会收到"柳暗花明又一村"的效果。

反转型逆转思维：要想知道，打个颠倒

反转型逆转思维法是指从已知事物的相反方向进行思考，寻找发现构思的途径。

"事物的相反方向"是指从事物的功能、结构、因果关系三方面做反向思维。

火箭首先是以"往上发射"的方式出现的，后来，苏联工程师米海依运用此方法，设计、研究成功了"往下发射"的钻井火箭、穿冰层火箭、穿岩石火箭等，统称为钻地火箭。

科技界把钻地火箭的发明视为一场"穿地手段"的革命。

原来的破冰船工作的方式都是由上向下压，后来有人运用反转型逆转思维法，研制出了潜水破冰船。这种破冰船将"由上向下压"改为"从下往上顶"，既减少了动力消耗，又提高了破冰效率。

隧道挖掘的传统方法是：先挖洞，挖过一段距离后便开始打木桩，用以支撑洞壁，然后继续往前挖；有了一段距离后，再用木桩支撑洞壁，这样一段一段连接起来，便成了隧道。

这样的挖法，要是碰上坚硬的岩石算是走运，一旦碰上土质疏松的地段，麻烦就大了，有时会造成塌方而把已经挖好的隧道堵死，甚至会有人员伤亡。

美国一位工程师解决了这一难题。他对原有的挖掘方法采取了"倒过来想"的思考方式，对挖掘隧道的过程采取颠倒的做法：先按照隧道的形状和

大小，挖出一系列的小隧道，然后往这些小隧道内灌注混凝土，使它们围拢成一个大管子，形成隧道的洞壁。洞壁确定以后，再用打竖井的方法挖洞。实践证明，这种先筑洞壁后挖洞的新方法，不仅可以避免洞壁坍塌，而且可以从隧道的两头同时挖掘，既省工又省时，效果非常显著，世界上许多国家都采纳了这一方法。

反转型逆转思维法针对事物的内部结构和功能从相反的方向进行思考，对于事物结构与功能的再造有着突出的作用。它的应用范围很广泛，商业办公中常用的影印纸便是这种思维方法下的产物。

格德纳是加拿大一家公司的普通职员。一天，他不小心碰翻了一个瓶子，瓶子里装的液体浸湿了桌上一份正待复印的文件。文件非常重要。

格德纳很着急，心想这下闯祸了，文件上的文字可能看不清了。

他赶紧抓起文件来仔细查看，令他感到奇怪的是，文件上被液体浸染的部分，其字迹依然清晰可见。

当他把文件拿去复印时，又一个意外情况出现了，复印出来的文件，被液体污染后很清晰的那部分，竟变成了一团黑斑，这又使他转喜为忧。

为了消除文件上的黑斑，他绞尽脑汁，但一筹莫展。

突然，他头脑中冒出一个针对"液体"与"黑斑"倒过来想的念头。自从复印机发明以来，人们不是为文件被盗印而大伤脑筋吗？为什么不以这种"液体"为基础，化其不利为有利，而研制一种能防止盗印的特殊液体呢？

格德纳利用这种逆转思维，经过长时间的艰苦努力，最终把这种产品研制成功。但他最后推向市场的不是液体，而是一种深红色的影印纸，并且销路很好。

从上述案例可知，反转型逆转思维法在发明应用实践中，有的是方向颠倒，有的则是结构倒装，或者是功能逆用。运用这种思维方法时，首先是找准"正"与"反"两个对立统一的思维点，然后寻找突破点。像大与小、高与低、热与冷、长与短、白与黑、歪与正、好与坏、是与非、古与今、粗与细、多与少等，都可以构成逆转思维。大胆想象，反中求胜，均可收获创意的"珍珠"。

第四章 会深度独立思考才能破解困局

人生的困局是每个人都可能遇到的，
无论是什么原因导致的困境，解决它们，
都需要靠我们自己的思考和行动。
面对困境，我们需要思考和反思，
找出问题的根源和解决方案。
这需要我们具备独立思考和分析问题的能力，
而不是依赖他人的意见和建议。
只有通过自己的思考和努力，
才能找到最适合自己的解决方案。

换个思维角度，困境本身或许就是出路

在美国西部的一个农场，有一个伐木工人叫刘易斯。一天，他独自一人开车到很远的地方去伐木。一棵被他用电锯锯断的大树倒下时，被对面的大树弹了回来，他躲闪不及，右腿被沉重的树干死死压住，顿时血流不止，疼痛难忍。面对自己从未遇到过的灾难，他的第一反应是："我该怎么办？"

他看到了这样一个严酷的现实：周围几十里没有村庄和居民，10小时以内不会有人来救他，他会因为流血过多而死亡。他不能等待，他必须自己救自己。他用尽全身力气抽腿，可怎么也抽不出来。他摸到身边的斧子，开始砍树，但因为用力过猛，才砍了三四下，斧柄就断了。他觉得没有希望了，不禁叹了一口气，但他克制住了痛苦和失望。他向四周望了望，发现他的电锯被放在不远的地方。他用断了的斧柄把电锯弄到手，想用电锯将压着他的腿的树干锯掉。可是，他很快发现树干是斜着的，如果锯树，树干就会把锯条死死卡住，根本拉不动。看来，死亡是不可避免的了。

正当他几乎绝望的时候，他忽然想到了另一条路，那就是不锯树而把自己被压住的大腿锯掉。这是唯一可以保住性命的办法！他当机立断，毅然决然地拿起电锯锯断了被压着的大腿。他终于用常人难以想象的决心和勇气，成功地拯救了自己！

人生总免不了遭遇挫折，确切地说，我们几乎每天都在经受和体验各种挫折。有时候，我们甚至会在毫不经意和不知不觉间与挫折不期而遇。面对挫折，我们往往会采取习惯性的对待挫折的措施和办法——或以紧急救火的

方式扑灭挫折，或以被动补漏的办法延缓挫折，或以收拾残局的方法打扫挫折，或以引以为戒的思维总结挫折……虽然这些都是遭遇挫折之后十分需要甚至必不可少的，但毕竟这是在眼睁睁地看着挫折发生而又无法补救的情况下采取的无奈之举。任凭困境无限扩大而无力改变，实在是更大的失败和遗憾。

面临坎坷与困惑时，我们不妨换一个角度去思考，也许就能走出所谓的失败，走向成功。所以问题的关键不是事情有多艰难，而是我们看待失败的角度与心态。

古时候有一位国王，梦见山倒了、水枯了、花谢了，便叫王后给他解梦。王后说："大事不好。山倒了指江山要倒；水枯了指民众离心，君是舟，民是水，水枯了，舟也就不能行了；花谢了指好景不长。"国王听后惊出一身冷汗，因此患病，且越来越重。

一位大臣来参见国王，国王在病榻上说出了他的心事，哪知大臣一听，大笑说："太好了！山倒了指从此天下太平；水枯了指真龙现身，国王你是真龙天子；花谢了，花谢见果呀！"国王听后全身轻松，病也好了。

所以，当我们面临困惑时，如果能够静下心来，坦然面对，那么当我们从另一个出口走出去时，就有可能看到另一番天地。在我们的生活与工作中，遇到困难或是难以跨越的"坎"时，不妨尝试换一种思考方式和解决办法，也许很快就能解决问题。人生的出口其实就是自己人生的蜕变，是自己理性地坦然地面对问题的勇气和决心，是洒脱后的平静。

变通是破解人生困境的锦囊妙计

变通是一种智慧,在善于变通的人的世界里,不存在困难这样的字眼。再顽固的荆棘,也会被他们用变通的方法铲除。他们相信,凡事必有方法去解决,而且能够解决得很完善。

一位姓刘的老总深有感触地讲述了自己的故事。

十多年前,他在一家电气公司当业务员。当时公司最大的问题是如何讨账。产品不错,销路也不错,但产品销出去后,总是无法及时收到货款。

有一位客户,买了公司20万元产品,但总是以各种理由迟迟不肯付款,公司派了三批人去讨账,都没能拿到货款。当时他刚到公司上班不久,就和另外一位姓赵的员工一起,被派去讨账。他们软磨硬泡,想尽了办法。最后,客户终于同意给钱,叫他们过两天来拿。

两天后他们赶去,对方给了他们一张20万元的现金支票。

他们高高兴兴地拿着支票到银行取钱,结果却被告知账上只有199900元。很明显,对方耍了个花招,他给的是一张无法兑现的支票。第二天就要放春节假了,如果不及时拿到钱,不知又要拖延多久。

遇到这种情况,一般人可能一筹莫展。但是他突然灵机一动,拿出100元,让同去的小赵存到客户公司的账户里。这样一来,客户公司的账户里就有了20万元。他立即将支票兑了现。

当他带着这20万元回到公司时,董事长对他大加赞赏。之后,他在公司不断发展,5年之后当上了公司的副总经理,后来又当上了总经理。

显然，刘总为我们讲了一个精彩的故事，因为他的智慧，一个看似难以解决的问题迎刃而解；因为他的变通，他获得了不凡的业绩，并得到公司的重用。可以说，变通是一种智慧。

学会变通，懂得思考才会有"柳暗花明又一村"的惊喜。事实也一再证明，看似极其困难的事情，只要用心去寻找变通的方法，必定有所突破。

委内瑞拉人拉菲尔·杜德拉也是凭借不断变通而发迹的。在不到20年的时间里，他就建立了投资额达10亿美元的事业。

20世纪60年代中期，杜德拉在委内瑞拉的首都拥有一家很小的玻璃制造公司。可是，他并不满足于干这个行当，他学过石油工程，他认为石油是个赚大钱和更能施展自己才干的行业，他一心想跻身石油界。

有一天，他从朋友那里得到一则信息，说是阿根廷打算从国际市场上采购价值2000万美元的丁烷气。得此信息，他充满了希望，认为跻身石油界的良机已到，于是立即前往阿根廷，想争取到这个合同。

到达阿根廷后，他才知道早已有英国石油公司和壳牌石油公司两个老牌大企业在频繁活动了。这是两家十分难以对付的竞争对手，更何况自己对经营石油业并不熟悉，资本又不雄厚，要成交这笔生意难度很大。但他并没有就此罢休，他决定采取变通的迂回战术。

一天，他从一个朋友处了解到阿根廷的牛肉过剩，急于找门路外销。他灵机一动，感到幸运之神到来了，这等于给他提供了同英国石油公司及壳牌公司同等竞争的机会，对此他充满了必胜的信心。

他旋即去找阿根廷政府。当时他虽然还没有掌握丁烷气，但他确信自己能够弄到，他对阿根廷政府说："如果你们向我买2000万美元的丁烷气，我便买你们2000万美元的牛肉。"当时，阿根廷政府想赶紧把牛肉推销出去，便把购买丁烷气的投标给了杜德拉，他终于战胜了两个强大的竞争对手。

争取到投标后，他立即筹备丁烷气。他立刻飞往西班牙。当时西班牙有一家大船厂，由于缺少订货而濒临倒闭。西班牙政府对这家船厂的命运十分关心，想挽救这家船厂。

这一则消息，对杜德拉来说，又是一个可以把握的好机会。他去找西班牙政府商谈，杜德拉说："假如你们向我买2000万美元的牛肉，我便向你们的船厂定制一艘价值2000万美元的超级油轮。"西班牙政府官员对此求之不得，当即拍板成交，马上通过西班牙驻阿根廷使馆与阿根廷政府联络，请阿根廷政府将杜德拉所订购的2000万美元的牛肉，直接运到西班牙来。

杜德拉把2000万美元的牛肉转销出去之后，继续寻找丁烷气。他到了美国费城，找到太阳石油公司，他对太阳石油公司说："如果你们能出2000万美元租用我这艘油轮，我就向你们购买2000万美元的丁烷气。"太阳石油公司接受了杜德拉的建议。从此，他便打进了石油业，实现了跻身石油界的愿望。经过苦心经营，他终于成为委内瑞拉石油界的巨子。

杜德拉是具有大智慧、大胆魄的商业奇才。这样的人能够在困境中变通地寻找方法、创造机会，将难题转化为有利的条件，获得更多可以脱颖而出的资源。美国一位著名的商业人士在总结自己的成功经验时说，他的成功就在于他善于变通，他能根据不同的困难，采取不同的方法，最终克服困难。对于善于变通的人来说，世界上不存在困难，只存在暂时还没想到的方法。

过分执着意味着困局无解

世间万物不论是山川大地还是人的心境，都处在不断的变动之中，没有一样是永恒的。生命的过程，从出生到肉体消亡，都在不停地变化，生理身体在变，人的观念也在变。有的变化一眼就能看出来，有的变化肉眼很难分辨，但总体而言，变化才是世间常态。

人的一生，外界的境遇，内心的想法，都不可能一成不变。既然如此，在心态、思想该改变的那一刻，就应该放手让它改变，而不应该执着于自认为对的观念，否则便会被这些观念拖住脚步。

过分为一些无谓的事情而执着是一件徒劳无功的事情。比如，错误已经犯下，让自己为此而愧疚一生，并没有多大意义，不如想着如何弥补、如何改正，这样对人对己会多一点益处。

《智慧禅宗》里有这样一段故事：老比丘带着小沙弥一起出去化缘，师徒俩不知不觉越走越远，等他们想到要回去时，天已经快黑了。师父年纪大，走得很慢，徒弟就上前来搀着师父走。

天色越来越黑，当他们来到一片树林中时，天已经黑得伸手不见五指了，只能听见师徒俩行走的脚步声和树叶的沙沙声，还有从远方传来的各种野兽凄厉的叫声。

小沙弥知道树林中常有野兽出没，为了保护师父，他紧紧地抱住师父的肩膀，连扶带推地快步向树林边缘走去。

师父年老力衰，又东奔西走了一整天，早就累得走不动了，加上看不清楚道路，一个踉跄跌倒在地，头刚好磕在硬石头上，一下子就死去了。

小沙弥看到师父倒在地上，赶忙把他拉起来，可是见他没什么反应，才发觉师父已经死了，不禁大吃一惊，失声痛哭。

天亮以后，小沙弥独自一人回到寺庙。

寺里的比丘们知道事情的经过后，纷纷谴责小沙弥：

"你看！都是你不小心，害死了自己的师父。"

"就是说嘛！竟然把自己的师父推去撞石头！"

小沙弥有口难辩，心中觉得很委屈，就去找佛陀诉苦。

佛陀让小沙弥坐下，说道："你要说的话我全都知道了，你师父的死不是你的错。"

话虽如此，但小沙弥还是眉头紧皱，无精打采的。

佛陀看了，微笑着继续说："我讲个故事给你听吧！从前有一个父亲生了重病，儿子很着急，到处求医问药。每天他服侍父亲吃过药后，就扶父亲上床躺下，让父亲睡个好觉。可他们住的是一间茅草屋，地上潮湿，引来许多蚊蝇，整天嗡嗡地飞来飞去，打扰父亲睡眠。儿子见父亲在床上睡不着，马上找来苍蝇拍到处追打蚊蝇，却怎么也打不完。

"儿子又急又气，转身抄起一根大棍子挥舞着，对着空中的蚊蝇拼命追打。恰巧有一只蚊蝇落在父亲的鼻子上，儿子一时没看清楚，慌忙一棍打去，父亲就这样被棍子重重地打了一下，连哼都来不及哼一声就死去了。"

佛陀停了一会儿说："孝顺的儿子在无意中伤人性命，只能算是一个意外，不能因此指责儿子是杀人犯，否则就冤枉他了。你使劲儿推你的师父，是怕师父遭到野兽的袭击，想赶快离开树林，并不是心存恶念，故意要伤害他的性命，是吗？"小沙弥点头称是。

佛陀说："我讲的故事和你所经历的事有些不同，但道理是一样的。佛法是慈悲的，你安心修行吧！"

小沙弥听了佛陀的话，心中获得了安慰，从此更加勤奋地修行了。

小沙弥虽然犯了错误，但是他并非故意犯错，虽然做错了事情，却没有错心，所以佛陀宽慰他，希望他不要让心念一直停留在自己的错事上，整天郁郁寡欢，而是要放下这样的心结，专心于修行。

但这并不意味着任何人犯了错误都可以立刻放下，不必承担责任，而是不必过分执着于错误。为错误而愧疚、羞耻是应该的，为错误而停留在原地，故步自封，甚至抛下自己本该做好的事，却是不应该的。

一个过于执着的人，往往也是一个完美主义者。他希望自己的人生如同白玉一般毫无瑕疵，一旦染上了什么污点，就会在意得不得了，只知道一味地盯着污点，而忽略整块白玉的纯洁。实际上，人生本来就不是完美的，一味地追求完美最后只会落得不完美的结局。

《简书·智者》中讲述了这样一个故事：从前有一个男人，他一辈子独身，因为他在寻找一个完美的女人。

当他70岁的时候，有人问他："你一直到处旅行，从喀布尔到加德满都，从加德满都到果阿，你始终在寻找，难道你连一个完美的女人也没找到吗？"

那老人变得非常悲伤，他说："不，有一次我碰到了一个，一个完美的女人。"

那个发问者说："那么发生了什么，为什么你们不结婚呢？"

他变得非常非常伤心，他说："她也在寻找一个完美的男人。"

这个男人执着于寻找完美的女人，到头来只落得一场空。每个人心中对完美的定义不同，如果人人都追求自己心中的完美，那么，所有的人生都不会完美，只会一次次白白错失机遇。

不管是做人还是做事，做到无愧于心即可，不必苛求完美。因为这个世界上的事情，不会全都顺着自己，有的时候即使花上一辈子的时间，也不一定能达到那种想象中的完美。

不管是执着于错误的饮恨还是执着于完美的空想，这些都是无法放下心中苛求的表现。如果我们能够使自己的内心归于平静，放下不必要的苛求，不被无谓的执着困住，便可洒脱地面对人生。

你所谓的走投无路，其实是一叶障目

企业家卡尔森原是一个身无分文的穷光蛋，但是他从没对自己有一天能成为富翁产生过怀疑。即使在十分被动和不利的条件下，他依然顽强进取，积极寻找成功的机会。他这种积极的心态帮助了他，面对现状，他没有沮丧和气馁，而是力求向上，力求改变现状，这种心态最终使他创富成功。

有一次，卡尔森发现了一个商机，于是他借钱办了一个制造玩具沙漏的工厂。沙漏是一种古董玩具，它在时钟未发明前被用来计时；时钟问世后，沙漏完成了它的历史使命，而卡尔森却把它作为一种古董来生产销售。本来，沙漏作为玩具，趣味性不大，孩子们自然不大喜欢它，因此销量很小。但卡尔森一时找不到其他比较适合的工作，只能继续干他的老本行。沙漏的需求量越来越少，卡尔森最后只得停产。但他并不气馁，他完全相信自己能够克服眼前的困难，于是他决定先好好休息，轻松一下，便每天都找些娱乐项目——看看棒球赛，读读书，听听音乐，或者领着妻子、孩子外出旅游，但他的头脑一刻也没有停止思考。

机会终于来了。一天，卡尔森翻看一本讲赛马的书，书上说："马匹在现代社会里失去了它运输的功能，但是以高娱乐价值的面目出现。"在这不引人注目的两行字里，卡尔森好像听到了上帝的声音，他高兴得跳了起来。他想："赛马骑用的马匹比运货的马匹值钱。是啊！我应该找出沙漏的新用途！"就这样，从书中偶得的灵感，使卡尔森的精神重新振奋起来，他把心思又全都放到沙漏上。经过几天苦苦的思索，一个构思浮现在他的脑海：做个限时三分钟的沙漏，在三分钟内，沙漏里的沙子就会完全落到下面来，把它装在电话机旁，这样打长途电话时就不会超过三分钟，就可以有效地控制电话费了。

想好以后，他就开始动手制作。这个东西在设计上非常简单，沙漏的两端嵌上一个精致的小木板，再接上一条铜链，然后用螺丝钉将沙漏钉在电话机旁就行了。不打电话时沙漏还可以做装饰品，看它点点滴滴落下来，虽是微不足道的小玩意儿，却能调剂一下现代人紧张的生活。担心电话费支出的人很多，卡尔森的新沙漏可以有效地控制通话时间，售价又非常便宜，因此沙漏一上市，销量就很不错，平均每个月能售出三万个。这项创新使原本没有前途的沙漏转瞬间成为对生活有益的用品，销量成倍地增加，面临倒闭的小厂很快变成一个大企业。卡尔森也从一个即将破产的小业主摇身一变，成了腰缠万贯的富豪。

卡尔森成功了，赚了大钱，而且是轻轻松松的，没费多大力气。如果他不是一个心态积极的人，如果他在暂时的困难面前一蹶不振，那么他就不可能东山再起，成为富豪。困境的存在与否，不是你能左右的，然而，对困境的回应方式与态度却完全操之在你。你可能因内心痛苦而恶言恶行，也可以将痛苦转化为诗篇，而是此是彼，则有待于你来抉择。艰苦岁月中，你也许没有选择的余地，但是，你可以决定自己怎样去面对这种岁月。积极面对问题也许要有无比的勇气。"天无绝人之路"的想法，就是所谓的"可能性思考"。它代表一种积极进取的心态。但说它积极并不等于说它是万灵丹，能解决人生的所有问题。不过，你若相信"天无绝人之路"，以积极的态度面对困境，那么，在"天助自助"的情况下，你大部分的问题是可以解决的。

思考摔倒的意义才有收获

一位成功人士曾这么说:"人生是一个积累的过程,你总会摔倒,即使摔倒了也要懂得抓一把沙子在手里。"我们一定要记得抓一把沙子在手里,只有这样摔倒才有意义。

《成长的足迹》一书中讲述了田中光夫创业的故事:田中光夫出生于日本一个普通得不能再普通的家庭。他到了50岁的时候,依然连自己的名字都不会写,当时在日本这是一件很难遇到的事情。就在他快要退休时,新上任的校长以他"连字都不认识,却在校园里工作,太不可思议了"为理由,把他辞退了。

田中光夫苦恼地离开了校园。像往常一样,他去为自己的晚餐买半磅香肠,但快到山田太太的食品店时,他猛地一拍额头——他忘了,山田太太已经去世了,她的食品店也关门多日了。而不巧的是,附近街区竟然没有第二家卖香肠的店。忽然,一个念头在他的心头闪过——为什么我不开一家专卖香肠的小店呢?他很快拿出自己仅有的一点积蓄接手了山田太太的食品店,专门卖起香肠来。

因为田中光夫灵活多变的经营,五年后,他成了声名赫赫的熟食加工公司的总裁,他的香肠连锁店遍及东京的大街小巷,并且是产、供、销"一条龙"服务,颇有名气的"田中光夫香肠制作技术学校"也应运而生。

一天,当年辞退他的校长得知这位著名的董事长只会写不多的字时,便打来电话称赞他:"田中光夫先生,您没有受过正规的学校教育,却拥有如此成功的事业,实在是太了不起了。"

田中光夫由衷地回答:"十分感谢您当初辞退了我,让我摔了个跟头,从那之后我才认识到自己还能干更多的事情。否则,我现在肯定还是一位周薪50日元的校工。"

跌倒并不可怕,关键在于我们如何面对跌倒。如果我们经受不住跌倒的打击,悲观沉沦,一蹶不振,那么跌倒便会成为我们前进的障碍和精神的负荷。如果我们将跌倒看成一笔精神财富,把跌倒的痛苦化作前进的动力,那么跌倒便是一种收获。

瑞典电影大师英格玛·伯格曼是最具影响力的电影导演之一,他同样也重重地跌倒过。

1947年,电影《开往印度的船》杀青后,出道不久的伯格曼自我感觉棒极了,认定这是一部杰作,"不准剪掉其中任何一尺",甚至连试映都没有就匆忙首映。结果可想而知,糟透了!伯格曼在酒会上将自己灌得不省人事,次日他在一幢公寓的台阶上醒来,看着报纸上的影评,惨不堪言。

这时,他的朋友幽默地说了一句话:"明天照样会有报纸。"

此话让伯格曼深感安慰。明天照样会有报纸,冷嘲热讽很快都会过去的,你应该争取在明天的报纸上写下最新最美的内容。

伯格曼从失败中吸取教训,在下一部电影的制作中,只要有空他就去录音部门和冲印厂,他学会了与录音、冲片、印片有关的一切,还学会了摄影机与镜头的知识。从此再也没有技术人员可以唬住他,他可以随心所欲地达到自己想要的效果。一代电影大师就这样成长起来了。

有时,我们虽然没有收获胜利,但我们收获了经验和教训。失败让我们真正了解了世界,也让我们重新认识了自己。失败虽然给我们带来了痛苦和悲伤,但也给我们带来了深刻的反思和启迪。

绝境中更要咬牙坚持

托尔斯泰在他的散文名篇《我的忏悔》中讲了这样一个故事。

一个男人被一只老虎追赶而掉下悬崖，庆幸的是在跌落过程中他抓住了一棵生长在悬崖边的小灌木。此时，他发现，头顶那只老虎正虎视眈眈，低头一看，悬崖底下还有一只老虎；更糟的是，两只老鼠正在啃咬悬着他的小灌木的根须。绝望中，他突然发现附近生长着一簇野草莓，伸手可及。于是，这人拽下野草莓塞进嘴里，自语道："多甜啊！"

生命进程中，当痛苦、绝望、不幸和危难向你逼近的时候，你是否会享受一下野草莓的滋味？"尘世永远是苦海，天堂才有永恒的快乐"，这是禁欲主义者编造的用以蛊惑人心的谎言，而苦中求乐才是快乐的真谛。

人生是一张单程车票，一去不复返。陷在痛苦泥潭里不能自拔，只会与快乐无缘。告别痛苦的手得由你自己来挥动，享受今天盛开的玫瑰的捷径只有一条：坚决与过去分手。

"祸福相依"最能说明痛苦与快乐的辩证关系，贝多芬"用泪水播种欢乐"的人生体验生动形象地道出了痛苦的正面作用，传奇人物艾柯卡的经历更有力地阐明了快乐与痛苦的内在联系。

艾柯卡靠自己的奋斗终于当上了福特公司的总经理。1978年7月13日，有点得意忘形的艾柯卡被大老板亨利·福特开除了。在福特工作已32年，当了8年总经理，一帆风顺的艾柯卡突然间失业了。艾柯卡痛不欲生，他开始酗酒，对自己失去了信心，认为自己要彻底崩溃了。

就在这时，艾柯卡接受了一个新挑战——应聘到濒临破产的克莱斯勒汽车公司出任总经理。凭着他的智慧、胆识和魅力，艾柯卡大刀阔斧地对克莱斯勒进行整顿、改革，并向政府求援。他舌战国会议员，争取到了巨额贷款，重振企业雄风。在艾柯卡的领导下，克莱斯勒公司在最黑暗的日子里推出了K型车的计划，此计划的成功令克莱斯勒起死回生，成为仅次于通用汽车公司、福特汽车公司的第三大汽车公司。1983年7月13日，艾柯卡把面额高达813亿美元的支票交到银行代表手里，至此，克莱斯勒还清了所有债务，而恰恰是5年前的这一天，亨利·福特开除了他。事后，艾柯卡深有感触地说："奋力向前，哪怕时运不济；永不绝望，哪怕天崩地裂。"

"痛苦像一把犁，它一面犁破了你的心，一面掘开了生命的新起源。"古人讲："不知生，焉知死？"不知苦痛，怎能体会到幸福和快乐？痛苦就像一枚青青的橄榄，品尝后才知其甘甜，这品尝需要勇气！其实，要让自己幸福非常简单，那就是少一分欲望，多一分自信；在身处绝境时，懂得苦中求乐，懂得咬牙坚持才是人生的真谛。

你能化困境为一种历练就是强者

亨利的父亲过世了,他还有一个两岁的妹妹,母亲为了这个家整日操劳,但是赚的钱难以让这个家的每个人都填饱肚子。看着母亲日渐憔悴的样子,亨利决定帮母亲赚钱养家,因为他已经长大了,应该为这个家贡献一分自己的力量了。

一天,他帮助一位先生找到了丢失的笔记本,那位先生为了答谢他,给了他1美元。亨利用这1美元买了3把鞋刷和1盒鞋油,还自己动手做了个木头箱子。带着这些工具,他来到街上,每当他看见路过的先生的皮鞋上全是灰尘的时候,就对那位先生说:"先生,我想您的鞋需要擦油了,让我来为您效劳吧?"他对所有人都是那样有礼貌,语气是那么真诚,以至于每一个听他说话的人都愿意让这样一个懂礼貌的孩子为自己的鞋擦油。他们实在不愿意让一个可怜的孩子感到失望,面对这么懂事的孩子,怎么忍心拒绝他呢!就这样,第一天他赚了50美分,他用这些钱买了一些食品。他知道,从此以后家里每一个人都不再挨饿了,母亲也不用像以前那样操劳了,这是他能办到的。当母亲看到他背着擦鞋箱,拿着食品回来的时候,她流下了高兴的泪水,说:"你真的长大了,亨利。我不能赚足够的钱让你们过得更好,但是我现在相信我们将来可以过得更好。"就这样,亨利白天工作,晚上去学校上课。他赚的钱不仅为自己交了学费,还足够维持母亲和妹妹的生活。

其实,生活中有许多人与亨利一样,但是有很多人被困难和阻碍击倒了。也有许多人因为一生中没有同阻碍搏斗的机会,又没有充分的困难足以激发其潜在能力，于是默默无闻。阻碍不是我们的仇敌，而是恩人，它能锻炼我们战胜阻碍的种种能力。森林中的大树，不经历暴风猛雨，树干就不能长得结实。同样，人不遭遇种种阻碍，他的本领是不会得到提高的，所以一切的磨难、困苦与悲哀，都足以锻炼我们。

一个大无畏的人，愈为环境所困，反而愈加奋勇。不战栗，不逡巡，胸膛直挺，意志坚定，敢于面对任何困难，轻视任何厄运，嘲笑任何阻碍。因为忧患、困苦反而可以增强他的意志、力量，提升他的品格，使他成为人上人——这才是世间最可敬佩、最可羡慕的一种人。

磨砺到一定程度，幸福之门也就打开了

世间很多事情都是难以预料的，亲人的离去，生意的失败，失恋，失业……打破了我们原本平静的生活。以后的路究竟应该怎么走？我们应当从哪里起步？这些灰暗的影子一直笼罩在我们的头上，让我们裹足不前。

难道活着真的就这么难吗？生活真的就暗无天日吗？其实，并不是这样的。在这个世界上，为何有的人活得轻松，而有的人却活得沉重？因为前者拿得起，放得下；而后者是拿得起，却放不下。很多人在受到伤害之后，一蹶不振，在伤痛的海洋里沉沦。只得到不失去是不可能的，而一个人在失去之后就对未来丧失信心和希望，又怎么能在失去之后再得到呢？人生又怎能快乐幸福呢？

"经营之神"松下幸之助在他的自传《自来水哲学》中讲述了他艰难的创业经历：他9岁时就去大阪做一个小伙计，后来，父亲的过早去世又使得15岁的他不得不挑起生活的重担，寄人篱下的生活使他过早地体验了做人的艰辛。

22岁那年，他晋升为一家电灯公司的检查员。就在这时，松下幸之助发现自己得了家族病，已经有9位家人在30岁前因为家族病离开了人世。他没了退路，反而对可能发生的事情有了充分的思想准备，这也使他形成了一套与疾病做斗争的办法：不断调整自己的心态，以平常心面对疾病，调动机体自身的免疫力、抵抗力与病魔斗争，使自己保持旺盛的精力。这样的过程持续了一年，他的身体也变得健康起来，内心也越来越坚强，这种心态也影响了

他的一生。

患病一年来的苦苦思索——改良插座的愿望受阻后，他决心辞去工作，开始独立经营插座生意。创业之初，正逢第一次世界大战，物价飞涨，而松下幸之助所有资金还不到100元。公司成立后，最初经营的产品是插座和灯头，却因销量不佳，工厂到了难以维持的地步，员工相继离去，松下幸之助的境况变得很糟糕。

但他把这一切看成创业的必然经历，他对自己说："再下点儿功夫，总会成功的！已有更接近成功的把握了。"他相信：坚持下去取得成功，就是对自己最好的报答。功夫不负有心人，他的生意逐渐有了转机，直到6年后他拿出第一个像样的产品，也就是自行车前灯时，公司才慢慢走出困境。

1929年经济危机席卷全球，日本也未能幸免，大量产品销量锐减，库存激增。1945年，日本的战败使得松下幸之助变得几乎一无所有，剩下的是到1949年时达10亿元的巨额债务。为抗议把公司定为财阀，松下幸之助去美军司令部进行交涉不下50次，终于保住了公司。

一次又一次的打击并没有击垮松下幸之助，如今松下已经成为享誉全世界的知名品牌，而这个品牌也是在不断的磨砺之中逐渐成长起来的。

如果当初松下幸之助在得知自己患上家族病的那一刻，他将自己埋没在悲伤之中，那么，或许今天我们就不会看到松下这个品牌了。

生活中有各种各样我们想不到的事情，其实这些事情本身并不可怕，可怕的是我们无法从这些事情所造成的影响中抽身出来，尽早地以最新、最好的状态投入后面的事情。哪怕我们现在身无分文，但我们可以从身无分文起步，一点一滴地打拼。磨砺到了，幸福也就到了。

独立思考不走寻常路

在社会上，那些成功的机会以及可以助我们成功的资源，都是有限的，只有少数人能拥有，因此，要想在多人博弈中取胜，就必须绕开从众的误区，走与众不同的路。

有一个衣衫褴褛的少年来到一栋摩天大楼的工地，向衣着华丽的承包商请教："我应该怎么做，长大后才能跟你一样有钱？"

承包商看了少年一眼，对他说："我给你讲一个故事：有三个工人在同一个工地上工作，三个人都一样努力，只不过其中一个人始终没有穿工地发的蓝制服。最后，第一个工人成了工头，第二个工人已经退休，而那个没穿工地制服的工人则成了建筑公司的老板。年轻人，现在明白了吗？"

少年满脸疑惑，一头雾水，于是承包商指着前面那批正在工作的工人对少年说："看到那些人了吗？他们全都是我的工人。但是，那么多的人，我根本没办法记住每一个人的名字，有些人甚至连长相我都没印象。但是，你看他们之中那个穿红色衬衫的人，就因为他穿得与众不同，我才发现他不但比别人更卖力，而且每天最早上班，也最晚下班，我过几天就要去找他，升他当监工。年轻人，我就是这样成功的，我除了卖力工作，表现得比其他人更好之外，我还懂得如何让自己与众不同以获取机会。"

故事中的承包商懂得在多人博弈中跳出从众的圈子，用与众不同的方法为自己赢得了成功的机会，这种策略在博弈论中有一个专业名词叫"少数者策略"。

我们假设这样一种情景。一天晚上，你参加一个聚会，屋子里有许多人，你们玩得很开心。就在这时候，屋里突然失火，火势很大，一时无法扑灭。这间屋子有两个门，你必须从它们之间选择一个逃出屋外才能保住性命。但问题是，此时所有的人都和你一样争相逃生，他们也必须抢着从这两个门逃到屋外。如果你选择的门是很多人选择的，那么你将因人多拥挤冲不出去而被烧死；相反，如果你选择的是较少人选择的，那么你将逃出生天。

在社会上，那些成功的机会以及可以助我们成功的资源，都如同上面那个可以帮我们逃生的门，是有限的，只有少数人才能拥有，因此，我们要想在多人博弈中取胜，就必须绕开从众误区，走与众不同的路。在生活中，我们也可以发现，往往是那些与众不同的少数人，顺风顺水地改变了命运。

在北京市海淀区的一条大街上，排列着十几家餐馆，大部分的餐馆无论是格局还是服务给人的感觉都差不多，但有一家小餐馆与别家不同，不但餐馆的外墙刷了与众不同的浅绿色，它的服务也与众不同。这里的老板与员工招呼客人、点菜、报菜名，完全就是说笑话、讲评书，而且每道很普通的菜都有一个很另类的"雅号"。

比如有八位客人刚走到门口，负责招呼客人的员工就扯起嗓子大吼："英雄八位，雅座伺候！"点菜时，客人点两个卤兔脑壳，员工转身对厨房喊："来两个'帅哥'！"客人点"猪拱嘴"，到员工那里就成了"相亲相爱"。这些别致的菜名，让来店里吃饭的各路"英雄"莫不捧腹、喷饭！因此，客人在这里吃饭、喝酒，完全是一种精神享受。

当客人们酒过三巡之后，店家免费给每桌"英雄"送一份"迟来的爱"——一盘普通的泡菜！客人酒足饭饱之后，店家还会给每桌的"英雄"奉送几根"抠门"——牙签！

就是因为有这么多的与众不同，这家餐馆的生意一直出奇地火爆。

上面这个故事，是不是与之前的两个故事有异曲同工之妙呢？所谓事有必至，理有固然。我们在探索成功者的策略时，往往能从中发现一些共同的规律，"绕开从众的误区，走与众不同之路"，只不过是其中之一罢了。

守在竞争最激烈的地方寻找成功

很多人错误地以为竞争越少的地方越容易成功,真是那样吗?其实不然。我们且来看一个小故事。

一个年轻人怀揣着在北京辛苦挣来的十几万元回到家乡,想用这笔钱在家乡寻找一个合适的地方开一家饭店。

一个朋友帮这个年轻人选择了一个地方:有条街,做生意的门店很多。有做服装的,有卖五金配件的,就是没一家饭店。恰巧有一家门店要转让,朋友认为很适合开饭店。因为如在这里开饭店,有充足的客源,竞争的压力也相对小一些。可是年轻人在整个市区调查一番后,反而选择了一条中心街,那里的饭店一家挨着一家。

年轻人这样选择有他的理由。他曾在北京中关村打过工,中关村尽管寸土寸金,但生产计算机或生产计算机配件产品的厂家或经销商地区总部的首选,都是那里。因为已经形成区位优势,汇聚了众多计算机企业,中关村几乎成了计算机的代名词,对消费者自然有着强大的吸引力。而开饭店也是这样,越是饭店集中的地方,客流量越大,生意也就越好做,只要有"真料",必然能够得到顾客的认可,饭店也就容易做好。后来的发展果真如年轻人所料,他在中心街所开的饭店,生意蒸蒸日上;同时,他引进了先进的管理模式,每天早上让服务员整齐划一地集合在饭店门口训练,这成了这条街上的一道风景。

兵法云:"夫地形者,兵之助也。料敌制胜,计险阨远近,上将之道也。知此而用战者必胜，不知此而用战者必败。"可见地形对作战的重要性，为将者不可不察。

人生如打仗，要想获取成功，天时、地利、人和一样都不能少，其中的地利更是重中之重。选准好的地形对事情的成败往往起决定性作用，而如何选准地形？有人如同故事中那个年轻人的朋友一样，错误地以为竞争越少的地方越容易成功，其实，真正懂得ESS博弈策略的人都明白，守在竞争最激烈的地方更易成功。

ESS策略在日常生活中的运用范围很广，具体在我们挑选地形上，就是应该在竞争最激烈的地方、成功最多的地方寻找成功。

酒香不怕巷子深的时代已经过去，即使你的酒很香也得选个好的地形才行，竞争最激烈的地方往往是成功机会最多的地方，北京王府井、纽约曼哈顿、美国华尔街，这些地方的房价高是有道理的，因为这里竞争激烈，这里最容易成功。所以，为了获得成功，我们一定要谨记ESS策略，逆反求胜，守在竞争最激烈的地方寻找成功。

第五章 独立思考就是改变你的思维方式,提高判断力

在当今复杂多变的社会中,
正确的思维模式和良好的判断力成为成功与否的关键因素。
随着信息多维的时代到来,
我们迫切需要培养自己的思考能力,
以便做出明智的决策。
通过培养批判性思维、
加强逻辑思维能力、
注重信息筛选和来源验证,
以及培养自我反思和学习态度,
我们可以逐步提升自己的思维水平和判断能力。

思维决定眼界，看事情要有预见性

一位互联网泰斗曾说："我一路走来备受质疑，许多人怀疑它、拒绝它、诽谤它。这就是新生事物，如果每个人都认同了，还轮得到我做吗？每个新生事物都是在非议中成长的。要成就一番事业，需要超前的眼光、敏锐的触觉，就是要做一些别人暂时不敢做的事，才能把握先机。当别人明白了，我们已经成功了。当别人理解了，我们已经富有了。"

很多企业家都是行业里的先驱，他们在创业之初会被一大群人嘲笑，几乎没人懂得他们在做什么。比如我们身边很多习以为常的东西，在10年、20年前就是一些不敢想象的新东西。它们是那些伟大的企业家、发明家预想并实施的，但在成为现实之前，它是被众人嘲笑的："这东西能成吗？"他们顶住了这些非议，才创造了今天和未来，这正是大格局的体现。

1945年，第二次世界大战结束。战争留下来的大量物资被当作废品处理掉了，没有人对这些东西感兴趣。然而，郭芳枫却触觉敏锐，他认为：新加坡是全球重要的港口，战后恢复通航的话，很多国家的轮船一定要经过这里。那些商船一定会从新加坡购置大量的生活用品或对船只进行维修。这些被当作垃圾处理掉的物资，到时候也一定会大有市场。想到这一点，郭芳枫做出了一个决定：筹集资金，大量购买被当作废品处理的物资。

果然，各国航船来到新加坡后都大量购买物品，因为供不应求，那些当初被人们视为废品的物资顿时身价百倍。郭芳枫因此获得了巨额的利润。后来，郭芳枫成立了丰隆有限公司，下设六家分公司，一下子成为资金雄厚的商业集团总裁。

初战告捷的郭芳枫雄心勃勃地开始了下一步行动。通过对当时国际形势的认真分析，他对房地产和建筑材料产生了浓厚的兴趣。丰隆有限公司成立后的第一件事就是寻找有发展前途的地皮，之后用极其低廉的价格买下来。几年之后，正如郭芳枫所预料的那样，新加坡的地皮价格在一夜之间涨了数十倍，他廉价买进的地皮利润打着滚地向上翻。同时，房地产行业的发展增加了对建筑材料的需求，郭芳枫投资的水泥厂等建材工业也赚了不少钱。丰隆公司也随着资本的不断累积成为新加坡的实业巨头。

创造这一奇迹，郭芳枫的诀窍是："做生意要有远大的眼光，要适应时代的需要。"这句话听起来平淡无奇，实际上却包含着非常深刻的道理：未来就掌握在我们的手中，只要我们能够对它做出正确的预见，就一定能够成为未来的弄潮儿。

李嘉诚在总结自己50多年的商海经验时说："当一个新生事物出现，只有5%的人知道时赶快做，这就是机会，做得早就是先机，别管是什么行业；当有50%的人知道时，你做个消费者就行了；当有超过50%的人知道时，你看都不用去看了！"

这也就意味着，我们一定要学会站在未来的角度看今天。如果做不到，那我们就创造不了一个企业，更无法创造一个行业。这也是为什么生在同样的时代，有同样的机会，有的人可以富起来，改变自己的命运；有的人却一无所有，后悔终生。这与眼光是否超前、创业者是否具有预见性有很大关系。

100多年前，美国穿越大西洋的一根电缆线出现了破损，需要更换。通过政府文件和报纸的宣传，美国的每一个公民都知道了这件事，他们对此的反应很平静，觉得没有什么大不了的。但是，一个不起眼的珠宝店小老板却觉得这是一次难得的机会，他花重金买下了这根报废了的电缆线。

别人对他的做法感到不解：报废的电缆线能有什么用，这个人是不是脑子进水了？

面对众人的质疑，这个小老板表现得很沉默。他将那根报废了的电缆线仔细地清洗了一遍，然后把它剪成一段段的金属段，装饰起来，作为纪念物摆放在珠宝店里出售。

那根破损无用的电缆线成为大西洋底的电缆纪念物，顿时身价倍增，人们争相前来购买。小老板也因为这根电缆线发了一笔财。

后来，他又买下一位皇后的一枚钻石。这枚淡黄色的钻石闪烁着迷人的光彩。大家都认为他买这枚钻石是为了等时机成熟之后高价卖出。但是小老板并没有这样做，他举行了一个首饰展示会，用以展示皇后的钻石。消息一经传出，慕名而来的人几乎踏破了展示会大厅的门槛，争相一睹这枚钻石的风采。这位小老板仅靠门票的收入就赚到了大笔的钱财。

这位小老板的名字叫作查尔斯·刘易斯，他是一个磨坊主的儿子，后来成为美国赫赫有名的"钻石之王"。

有人说，查尔斯·刘易斯是一个经商天才，善于抓住机会。其实，机会对每个人来说都是均等的，只不过别人是从眼下的角度去考虑问题，因而抓不住机会，而查尔斯·刘易斯却能够把目光放长远，对未来有很好的推测和预见。

这就是一种站在未来的角度看今天的方式，面对这种理论，很多人可能表现出一种本能的抗拒、质疑，或者是理性的好奇。但对有大格局的人来说，这正是乐趣所在。当我们在做一件事，而这件事还没有人知道是不是真实、能不能成功的时候，我们要做的就是朝着自己觉得正确的方向，坚定地走下去。就像那句早已传遍大街小巷的名言："坚持不一定成功，但放弃一定失败。"

有些人看到一条信息，总是习惯性地主观臆断，觉得"这不可能"，然后轻易放弃；有些人却能看到信息背后的市场，并通过客观分析，认为"这有搞头"，然后迅速把握机会。总而言之，站在什么样的角度，有什么样的眼光，就得到什么样的结果。

要想成功就应该付出行动，不过，行动是受理念指导的，不同的理念会产生不同的行动，不同的行动会产生不同的结果。心有大格局的人，具有长远的眼光,能够立足当前,对未来做出准确的判断和预测,并采取果断的行动,最终赢得成功。要想获得非凡的成就,我们就应该学着培养自己预见未来的思维力。

站在更高的视角看问题，才能判断准确

想在公司获得更好的发展，我们就必须学会站在比自己现在更高的角度去思考问题。只有这样，才是一种大格局的表现，我们才能不断进步，让自己的职场之路越走越宽，否则，我们就只能待在普通员工的位置上，永远没有出头的机会。

刘芸是某外贸公司的员工，一天，她向部门经理提交了一份报告。在报告中，她详细汇报了自己的工作，并列出了她所遇到的所有问题。

看到刘芸的这份报告之后，经理特意把她叫到办公室，问她对这些问题有什么看法，以及她准备怎么解决这些问题。谁知，刘芸理所当然地回答说："问题我已经提出来了，至于怎么解决，并不是我该考虑的。毕竟我的职位低，我不能说让别人怎么做，这是领导的事情。"

每个人都希望自己在工作中有出色的表现，更希望自己有机会做到主管、经理，或者是更高层的领导职位。但如果我们是像刘芸这样的想法和做法，那我们的希望就只能是希望，不会有实现的一天。

当然，有人可能觉得，自己只是个小员工，工作中遇到这样那样的问题，找自己的上司来解决是为了更快更好地完成工作，自己并没有什么错。这样想是没错，毕竟公司里每个层级能够支配公司资源的内容和范围都不同，考虑问题的高度自然也不一样。但这并不代表我们一有事就要去找自己的领导。

一般情况下，一个有大局观的员工，首先应该考虑的是：如果自己是经

理，我应该如何去处理这样的矛盾和问题，也就是结合整个公司或整个部门的情况去考虑自己该如何做。这才是一种具有全局思维的思考方式，而这种思考本身就是一种锻炼和提高。如果我们没有经过这样的锻炼，即便公司想要提拔我们做主管、经理，我们也不知道该从何做起。

由此可见，思考问题的方式，有时可能比获取知识更加重要，因为思维方式决定知识的使用方向和方法。只有我们的思维方式有所创新，新知识才能源源不断地产生。

大学毕业后，孙东直接进入一家外贸公司工作。在熟悉工作的过程中，他发现销售部的月度方案中，每个人都有一个促销计划，他就问销售人员："为什么一定要促销？""促销的前提是什么？""促销的本质是什么？""促销的目的是什么？""促销有什么替代方案？"

一开始，孙东觉得大家看他就像看外星人一样，因为对于已经习惯促销的销售人员来说，这些问题显得太幼稚了。但真正能回答他这些问题的人不多，因为大家已经习惯了不去思考，而且当初公司的培训老师就是这么教他们的。

会问"为什么"，其实就是一种获得创新思维的方式，能够帮助我们站在更高的角度看待自己的工作，做到全面布局，统筹考虑。

比如当我们站在上司或老板的角度去思考问题时，就是站在上司或老板的角度去思考自己的工作内容和价值。这不仅需要我们明确对方提出的工作目标，还要认真领会上司或老板没有明确提出来的目标，全方位地为对方实现更高的目标服务。

而这，就不再是"完成这个月的销量"这么简单了。因为"完成这个月的销量"只是一个销售人员最简单、最低级的工作目标。但如果我们站在更高的角度，就会发现老板的目标可能是寻找新机会、新模式，或者拓展新市场、开拓新行业等。当我们悟透了这些目标，才能在完成工作目标的同时，实现老板的目标。

当然，全局观念、战略思维等，并不是天生就有的，而是我们长期学习、努力探索的结果，是融合了知识、才能、修养、智慧等方面的综合反映。当我们真正形成统揽全局的开阔视野、洞察未来的眼光和战略思维后,就能确保我们在完成每项工作的时候,都能站在高处、看到远处、着眼大处、干到实处。

如何在反逻辑中寻求突破

在应对一些复杂的局面时，运用反逻辑的思维方式，可以突破常规思维的束缚，使问题向更有利于自己的方向发展。因为在反逻辑思考后，我们对事情的发展变化就会从多角度思考。我们做出来的事、说出来的话，在别人看来都是不合乎逻辑的，一时半会儿让人摸不着头脑。这样，不但在关键问题上可以制造一些缓冲，减少正面的冲撞、对立，也会有效地引导对方的思路，使其摆脱常规思维的束缚。

晚清时，曾国藩曾多次率领湘军与太平军激战，但总是打一仗败一仗，特别是在鄱阳湖一役中，差点丢了自己的老命。后来，他在上书中深表自责，其中有一句是"臣屡战屡败，请求处罚"。但有个幕僚觉得这种表述欠妥，建议他将"屡战屡败"改为"屡败屡战"。这么一改，果然收到奇效，皇帝非但没有责备他多次打败仗，反而表扬了他。

在这个故事中，曾国藩只是将自己的表述颠倒了一个顺序，结果产生了完全不同的效果。这就是反逻辑的力量。其实，在现实生活中，我们也经常见到这种反逻辑的表达，或是做事方式。它往往能达到一种出奇制胜的效果。

以上面的故事为例，在正常情况下，我们的思维逻辑是："臣屡战屡败，请求处罚。"反逻辑的表达是："臣屡败屡战，请求处罚。""屡战屡败"，重在强调每次战斗都失败，给人的直观感受是，此人为常败将军；而"屡败屡战"，却强烈地表达了自己对皇帝的忠心，以及永不言败的勇气。

有一次，魏文侯问李克："吴王夫差为什么会失败，并且亡国了呢？"

李克的回答十分简洁、干脆，他说："主要在于夫差经常征战，又经常胜利。"

听他这么一说，魏文侯感到非常吃惊，于是皱着眉头问道："经常征战，且经常胜利，这对国家是一件幸事，怎么能成为亡国的理由呢？"

李克顿了顿，淡淡地说："经常作战，则将士身心疲惫；经常胜利，则大将骄傲自满。一身傲气的大将带领一群身心疲惫的士兵，岂有不灭亡的道理？"

听了李克的话，魏文侯连连点头称是。

刚开始，李克回答魏文侯的问话时，便利用了反逻辑，从而把魏文侯的胃口吊了起来。在此基础上，李克再阐述自己的观点，魏文侯就很容易接受了。所以，高手说话、做事反逻辑、不走寻常路，并不是为了哗众取宠，而是另有深意，在别人不明就里时，以反逻辑讲出的话、做出的事，可以使人感受到期待与嘱托，明白利害冲突，从而让人深深铭记并随时可以想到它。

2000多年前，古代先贤便把反逻辑当作一种破局的思路。

据《史记·卷六十五·孙子吴起列传》记载：公元前354年，魏国大将庞涓率军围攻赵都邯郸，双方战守年余，赵衰魏疲。这时，齐国应赵国的请求，派遣大将田忌、军师孙膑，率兵八万救赵。刚开始，田忌与孙膑率兵进入魏赵两国交界之地时，田忌打算带兵攻打邯郸城，而孙膑认为：要解开纷乱的丝结，就不能强拉硬扯；要排解双方的争斗，就不能直接参与其中。平息纠纷要抓住要害，乘虚取势，双方因受到制约才能自然分开。所以，解围的关键在于：避实就虚，击中要害。

于是孙膑向田忌献了一计："现在，魏军主力集中在邯郸，魏都大梁内部空虚，如果我们带兵直插大梁，占据交通要道，袭击它空虚的地方，庞涓一定会回师自救。这样一来，就会解邯郸之围。我们再于途中伏击庞涓归路，魏军必败。"

事情果然如孙膑所料，魏军匆忙离开邯郸，在返回的途中又遭到伏击，与齐军战于桂陵。因为魏军士兵长途奔波，疲惫不堪，结果溃不成军，庞涓勉强收拢残部退回大梁。这一战齐军大胜，邯郸之围旋即解除。

孙膑用围攻魏国的办法来帮赵国解危，这在中国历史上是一个很有名的战例，被后来的军事家们列为"三十六计"中的第二计。围魏救赵的精彩之处在于：以反逻辑的方式，以表面看来舍近求远的方法，从事物的本源上去解决问题，而不是纠缠于表面，从而取得一招制胜的神奇效果。

"法有定论，兵无常形。"在纷繁复杂的战场上，灵活、恰当地运用反逻辑的思维方式，往往能够取得意想不到的效果。《孙子兵法》曰："不尽知用兵之害者，则不能尽知用兵之利也。"又曰："智者之虑，必杂于利害，杂于利而务可信也，杂于害而患可解也。"在这里，"杂于利害"其实就是一种反逻辑思维。

现实生活中，我们都习惯用定向的、惯性的逻辑去思考。反逻辑思维则是把通常思考问题的思路反过来，用对立的、看似不可能的办法去解决难题。利用反逻辑思维可以巧妙地解决一些正常思维所不能解决的问题。所以遇到难题时，我们不妨从多个角度去寻求破局的玄机。

推开未知的门，考验你的思维与判断力

在一个很古老的国度，有一个国王在行刑场上告诉自己的俘虏："我现在给你们两个选择，一个是直接接受死亡，一个则是选择推开你们面前的这扇门，由门后面的世界决定你们的出路。当然，我不会告诉你们这扇门的后面是什么，你们的运气完全由这扇门来决定。"说完，他就让这些俘虏自己选择。结果，在死与未知之间，这些俘虏都选择了死亡。最后这个国王不得不痛惜地告诉这些俘虏，其实那扇门的背后是他们每个人都渴盼的自由。

也许我们对于未知的恐惧永远大于对死亡的恐惧。但是，在这种巨大的恐惧中往往蕴藏着巨人的机遇。如果我们渴望机遇的降临，就不能因为害怕而不去尝试。

大家都知道哥伦布的故事，哥伦布小的时候，就认为地球是一个球体。而那时的人认为，人类绝对不可能从西方到达富庶的东方，如果从西班牙向西航行的话，不出500海里，就会掉进无尽的深渊。为了证明自己的观点，1485年，哥伦布到葡萄牙国王那里去游说："其实我们从此向西走，走到一定的距离后，也能到达东方。如果你们肯拿出钱来支持我的话，这一定是事实。"葡萄牙国王没有答应他，认为他是一个骗子。于是哥伦布又到西班牙国王那里游说，西班牙国王也没有答应他。哥伦布并没有因此而灰心，尽管他接二连三地碰壁，奔波的同时还花光了他的积蓄。但是，他坚信自己的理论。最后，哥伦布终于等到了一个机会，西班牙皇后经过哥伦布一个朋友的劝说，答应支持哥伦布去冒险，万一哥伦布这个计划失败，她也就只是损失

一点小钱。

最后的结果是，哥伦布以他坚定的毅力带领随行的水手们，历尽千辛万苦在美洲大陆插上了西班牙的国旗。

对于未知世界的恐惧我们都有，但是，当我们有勇气推开一扇门的时候，我们的世界也许就会因此而改变。生命应该是多姿多彩的，我们每个人都应该有各自不同的生活。一个真正有创造力的人不会重复别人的生活模式，他们会因为自己的追求而努力开拓自己的未来。

生活中，很多人没有自己的立场，别人认为不可能的事，在他们看来不只是不可能，还有恐惧。这种人无论对待工作还是对待生活都不会灵活运用已有的知识，而是因循守旧，人云亦云，他们不会有大的发展前途，混日子是他们的强项。所以，他们的人生也只能是平庸而低俗的。

如果你想踏入未涉足的领域，就应该独辟蹊径，去走那些别人没有走过的路，推开别人没有推开过的门，这样你才有机会看到别人未曾见到过的美景。

哈罗啤酒进军比利时首都布鲁塞尔的时候，有许多人认为这是相当困难的。而当时的哈罗啤酒厂的市场份额在逐步地减少，可以说当时哈罗啤酒厂正面临着倒闭危机。哈罗啤酒厂没钱在电视或报纸上做广告，尽管销售员林达多次建议厂长做些广告，但都被厂长拒绝了。林达决定冒险打开比利时这个市场，于是他贷款承包了哈罗啤酒厂的销售工作。但如何去做广告成了林达的心病。当他徘徊到布鲁塞尔市中心的于连广场时，看到广场中心那个撒尿的男孩，想到小英雄于连用自己的尿浇灭了敌人炸城的导火线而挽救了这个城市时，林达突然有了主意，他决定做一件别人从未做过的事情。

翌日，人们发现于连广场上的于连雕像的尿由水变成了金黄剔透、泡沫泛起的哈罗啤酒，旁边还立着一块写着"哈罗啤酒免费品尝"的广告牌。这一创意引得很多人关注，市民们拿着自己的瓶瓶罐罐来接啤酒喝，媒体也争着报道这一奇观。

那一年，该厂的啤酒销量一下子增长了近20倍，这个叫林达的小伙子轰动了整个欧洲，成了闻名布鲁塞尔的销售专家。

也许你会说这样的事谁都会做，但是，既然谁都会做，为什么只有林达一个人成功地利用了这一机会呢？这就是一个愿不愿意打开思路并敢于冒险的问题。其实，许多很困难的事只要我们打开思路并勇敢地去做，我们也会成功，只要我们勇于推开一扇门，就会发现世界上的许多门都是虚掩着的。别人没有走过的路未必就充满着艰难险阻，别人没有推开过的门也不一定就是被锁着的。

勇于踏入那些别人从未涉足的领域还有一个最大的好处，那就是没有竞争的压力。只要这扇门被我们推开了，我们就等于直接取得了财富。

不断创新才是生存的保障

市场和顾客是企业赖以生存的基础。如何才能获得更大的市场和更多的顾客呢？关键就在于企业所提供的产品和服务。优秀的产品总是比较容易打动顾客和打开市场，因此，创新就成了企业的竞争优势。而创新是一个长久的过程，这需要企业将创新进行到底。

创新，无论在哪一个行业都不是一个陌生的话题。早在以电脑等电子产品的产生为标志的第三次科技革命来临之时，这个术语就在世界风行，它在每一个领域都带来翻天覆地的变化，在每一个行业都被喊得震耳欲聋。创新所带来的一切，正在迅速地改变着世界的面貌，随之而来的是商业环境的巨变。要在商业社会里赢得生存和成长的机会，创新是唯一的途径。

任何一家企业一旦脱离创新，就如鱼脱离了水一样很快就会死亡。企业在激烈的市场竞争中生存下来的唯一方式，就是将创新进行到底。不断创新不仅是一个企业生存的保障，也是企业获得发展的前提。

每一个企业都面临着创新还是死亡的问题，只有将创新贯穿公司发展的始终，才能够永远立于不败之地。

普利姆吉就是这样的人，他使Wipro从一家小型的食用油公司发展成为世界上排名前20名的IT企业，创新的作用是功不可没的。普利姆吉的勇于创新，给创业初期的Wipro带来了无尽的活力，使其取得了快速的发展。

自1980年进军科技市场以来，普利姆吉就领导Wipro大力实施改革创新，通过大胆的设想和先进的技术，制造出第一批电脑。之后，普利姆吉及同事以满足客户的需求为出发点，集中精力研究最先进的技术。虽然这些技术并没有获得大量的自主知识产权，却为客户创造了价值。另外，普利姆吉还鼓励员工提出创新性的客户服务解决方案，为客户解决了许多疑难问题。

为了使创新真正成为企业的活力源泉，普利姆吉把创新纳入年度策略和运营规划。在公司，普利姆吉亲自领导技术业务部门，鼓励这些部门的创新。另外，普利姆吉及助手还组建了创新机构，这个机构不同于常规的软件研发部门，它给创新者提供了一个创新的空间，每一个员工在这里都感觉到自己备受重视，从而充满斗志。

普利姆吉大力提倡创新，在Wipro，从程序员到总经理，所有的人都可以通过公司的网站或者电子邮件向公司创新委员会提交自己的建议。创新是每一位员工绩效评定的一部分，被记载在高级主管的业务绩效记分卡上。普利姆吉每三个月根据业务绩效记分卡审定一次创新衡量标准，对成绩显著的员工给予适当的奖励。

另外，普利姆吉提拔了一位带领公司员工取得不少技术创新的电信业务主管担任公司首席运营官，并对其提出要求：展开更大力度的创新。上任之初，这位首席运营官便采取措施，通过奖金等方式，鼓励员工进行技术性的创新，取得了明显的效果。经过努力，他实现了普利姆吉设想中的突破性创新，寻找到了技术服务综合性项目和能在数年内创造1亿~2亿美元的新业务。

创新在Wipro公司的发展历程中起着十分重要的作用，正是一次又一次不断创新和改革，Wipro迈入世界最先进的企业行列。创新是一个长久的过程，不是一下子就能完成的，没有人可以在创新的领域一蹴而就、一劳永逸。

在创新已经成为企业生存的根本的当今社会，所有的企业都处在一个十字路口，充满活力、善于改革的企业将与没有创新的公司走上截然不同的道路。对于积极创新的企业来说，当今的市场仍有许多亟待开发的处女地，而对于创意枯竭的企业来说，市场到处是暗礁险滩。没有创新，企业迟早会被市场淘汰。可以说，把创新仅仅当作空口号喊的企业与没有创新的企业毫无差别，其结局一样是被顾客遗忘，从而失掉市场。

创新是一个长久的过程，在当今的经济环境下，企业生存发展的必要条件就是不断地创新。任何一家企业离开创新都会迅速被市场淘汰。世界经济一体化的发展向企业提出了更严峻的挑战,企业要想在竞争中永远保持优势,必须具有持续变革、不断创新的能力。

不墨守成规，做个优秀的管理者

当今的许多企业都在倡导创新，并且一直在进行积极的尝试。然而，很多企业一旦在创新上取得一定的成果，就待在原地不再追求上进，而创新也永远停在这个地方，企业的发展也就停滞不前。

这些企业的通病是在追求创新的时候被过去的成功所累，也可以说是被过去的经验所累。而企业要想取得长久的发展，就必须摒弃这一思想。

一个企业的成功不但要有优秀的员工、高效率的团队，更需要不墨守成规、勇于创新的企业管理者。企业管理者既要高瞻远瞩，很好地把握企业的发展方向，也要将企业员工拧成一股绳，形成一个特别有竞争力的团队。但是，这只是对一个企业管理者最基本的要求。一个优秀杰出的企业管理者在具备了上述的能力之后，还需要一个特质——不墨守成规，敢于迎接挑战，更敢于探索，能够打破僵化的思想，拆掉思维这堵"墙"。

众所周知，在企业的经营过程中，各种各样的问题层出不穷。如果企业管理者总是用一个固定的思维看待问题、解决问题，那么就无法找准问题的症结所在，无法从根本上解决这些问题，最终在决策上失误连连，引发企业的生存危机。而这一切，都是墨守成规惹的祸。所以，每一个企业管理者在管理过程中都要锻炼出全面的开拓性思维，既要有创新，更要有创新意识，只有这样才能够让企业进行正常的新陈代谢，获得不错的发展。

李·艾柯卡就是一个伟大的管理专家，他在美国汽车业巨头福特公司任过总经理，最后入驻克莱斯勒公司，并成功地将克莱斯勒从死亡线上拉了回来。

李·艾柯卡当上福特公司的总经理之后，便开始对福特公司进行大刀阔斧的改革，但是他的改革引起了福特公司董事长的不满。福特公司从创立到李·艾柯卡进入时，都遵循传统的产销管理模式，这种落后的经营管理思想使得福特汽车公司的管理机制十分僵化，根本没有任何创造力——墨守成规的管理思维导致企业发展缓慢，业绩大幅下滑。于是，李·艾柯卡顶着和董事长闹翻脸的风险，依然坚持自己的改革——制定不墨守成规的管理机制，开拓新的产品，进军新市场。结果，在李·艾柯卡的不懈努力之下，福特汽车公司的销售业绩大幅增加，而且开发出了著名的"野马"汽车。该车的年销量一度达到40多万辆，李·艾柯卡更是被称为"野马汽车之父"。纵观福特汽车的发展历程，李·艾柯卡在任职总经理期间很好地开拓了福特的品牌影响力，并且使福特汽车度过了最艰难的一个发展时期。

在李·艾柯卡帮助福特汽车走出发展困境之后，他选择去做克莱斯勒公司的总裁。要知道，克莱斯勒公司也是美国汽车业巨头之一。在李·艾柯卡进入克莱斯勒公司的时候，克莱斯勒公司的整体经营状况比他想象的还要糟糕，前任总裁的无能和管理思维的僵化，导致克莱斯勒公司已经处在即将申请破产保护的境地。就在李·艾柯卡上任的当天，该公司宣告上季度亏损1.7亿美元。在这种情况下，李·艾柯卡并没有选择退缩，而是迎难而上。上任之后，他首先放下总裁的架子，深入一线进行调研，接着开始做整个管理层的思维开拓工作。

经过最初阶段的忙碌之后，李·艾柯卡做出了一个令所有人都想不到的创新发展策略——"共同牺牲维持发展"的策略，即大幅削减支出来稳定企业。培养一个员工不容易，不裁员就只能减薪。李·艾柯卡先从自己做起，将36万美元的年薪减为1美元。在李·艾柯卡的表率作用下，员工们纷纷响应他的发展策略。此后，李·艾柯卡又对公司的管理层进行了整顿，原来的管理层仅副总裁就多达35位。做完这些调整之后，李·艾柯卡紧接着就进行产品市场渠道革新开拓，最终为克莱斯勒公司建立了拥有强大销售能力的市场渠道网。五年之后，李·艾柯卡带领克莱斯勒公司脱离了险境，使其再次焕发出强大的生命力。对此，李·艾柯卡说："我们需要让自己不那么古板。

公司有了古板的性格后，就如一个没有朋友的古板之人，最终只能是越来越孤独。只要我们能够理性地去改变自己，那么一切都会好起来。"

李·艾柯卡就是一个优秀杰出的企业管理者，他的成功在于他不墨守成规，开拓创新是他成功的关键因素。

对于任何一家企业而言，无论是长期还是短期，企业都不能在管理中犯墨守成规的错误。企业管理者必须不断地探索技术和新的经营思路，倾尽全力将企业打造成为一个拥有创新机制、能够灵活发展的企业，以证明自身的能力和实现价值。但是，要让企业管理者抛却墨守成规的老思路，实施创新型的灵活管理模式，对于很多企业管理者而言都不是一件特别容易的事情。

企业在创新的过程中，最忌讳的就是满足于现状，满足于当下的成功。善于创新的企业如同一棵大树，当树枝上硕果累累，产品种类很多，市场反应很好，企业有很大的产值和丰厚的利润时，很多企业管理者就会沉醉其中，沾沾自喜，从此丧失发起下一次冲击的动力。这对企业来说，无疑是一种无形的伤害，长久下去，企业发展就会停滞。

企业管理者一定要注重企业的创新，同时不要沉溺于创新带来的成功，要在成功的基础上不断创新。只有时时追求创新，时时讲创新，在创新的基础上寻找更高层次的创新，企业才能一路向前，否则企业早晚会被淘汰掉。

永远不要失去一颗好奇心

创业是一个艰难且充满挑战和刺激的过程，因为人们对未来的不确定和憧憬，所以更多的人想要通过创业来实现自我价值。但由于我们每个人的过往经历不同，所掌握的知识和视野不同，所以每个人看待问题的思维角度也是不同的。要想得到更多的机会，突破现有的思维局限，拥有大格局，就需要我们在思维突破的环境中保持一定的好奇心。

埃隆·马斯克是Space X太空探索技术公司、环保跑车公司特斯拉和Space X三家公司的掌门人。而他之所以能做到这一步，很大程度上就是因为在不同的高科技领域，他都能很好地保持自己的好奇心，并开放自己的思维。

比如马斯克提出的超级高铁项目。在传统思维中，在地下挖掘隧道是一个极端耗费财力的项目。但马斯克首先想到的是：将隧道的直径从普通的28英尺缩小到12英尺，这样挖掘的成本会相应减少。然后马斯克考虑现在的盾构机挖掘隧道，将其中一半的时间用于挖掘，另一半的时间用于加固隧道。因此，马斯克设想将机械设计改成连续挖掘和加固，这就可以带来两倍的成本改善。

另外，马斯克觉得机械并没有达到功率的极限和热极限，这就意味着还可以大幅增加盾构机的功率。如此，就可以再带来至少2倍，甚至4~5倍的改善。通过这一系列的改进，高铁项目在每英里的建造成本中，可以实现超过一个数量级的改善。

他的这些大胆的想法不仅得到了业内人士的热心帮助，也一次又一次地成就了自己的事业。比如在2005年，年仅34岁的马斯克身家已经超过3亿美元；他不满40岁时，关于互联网、清洁能源和太空这三个理想已经全部实现。

在创业的过程中，如果我们保持一颗好奇心，也许每天都会有一些新的发现。而当我们向新事物、老问题等追求更方便、更快捷、更低成本的出众方案时，我们局限的思维可能会被打开。

这也是为什么同样的创业问题，有的人能解决，而有的人却在不断试错。其关键就在于我们是否愿意用开放的态度，去多交流、考察和学习。比如小米的创始人雷军，就曾以"投资人"的身份拜访过手机行业的各类人士，并与他们交流、讨论，最后才形成了集各家之长的营销模式，把自己的风险、资金等都降低的情况下，完成了小米的突围。

当然，在这个过程中，有的人可能担心："我想到一个好点子，但我不敢跟别人说，害怕一说出来别人就会去做，而我就没有机会了。"这其实是一种自我设限，需要我们直面思维上的突破。

有位创业者给一著名企业家私信说：我想到一个"很好"的移动互联网创业项目，想获得一笔融资，但我又担心这个想法被投资人"抄袭"，使我失去原本属于我的机会，我该怎么办？

企业家给这位创业者讲了一段自己的经历，并给了对方一定的建议。其内容是这样的：

在2005年，有个做职业装定制的老板跟我谈到转型的问题，问我有没有建议，我说你可以通过网络渠道，只做衬衫。这个思维放在今天来说，真的太简单了，因为大家都知道。但在那个时候，还没有凡客、PPG什么的，而我有自己的软件公司，对服装行业也不太感兴趣，所以这个"想法"很珍贵。

对于你的问题，我建议你先想想看：你的一个想法说出来别人就能比你做得更好、思考得更有深度吗？如果是，就说明这个项目去除想法后，你没有一点比别人占优势。往坏里说，就表示你没有团队、架构和运营，反正你也做不起来，何不做个顺水人情？以后还可以到处吹牛皮，说某某行业当初的想法是我提供的建议。

想要破除自己设限的思维，就要先学会跳出固有思维，换个角度来看待那些自以为的"不可能"。比如有些准备通过网络做营销的创业者总是这样说："我不会玩新闻源，不会玩头条，没有资金，不会做互联网，所以我们根本学不会网络营销。"

事实上，任何人只要愿意开始，就会知道是如何开始的。现在网络如此发达，只要我们想，就可以通过互联网找到自己想要的任何资料。而我们只需要"照猫画虎"，一般都可以在互联网上盈利。那些所谓的"不会"，只是不愿意做而已。

因为我们一说自己"不会"，心里就会变得非常轻松，就可以顺理成章地把一切责任推给别人、推给"不会"。这样的思维，其实是把自己的未来给抛弃了。但凡是个大佬，是个有大格局的人，他们的思维都是非常开放的。所以我们需要做的，就是改变自己的思维定式，保持一颗好奇心，做任何事情的"挖掘者"，从而在某一领域实现最大的成功。

深度思考与判断才能解决真正的问题

很多人为了得到立即解决问题的安全感,即使有更好的解决方法,也往往会牺牲品质与创新来换取立即的安全感。"力行"的技术,不仅在整个问题的解决过程中激发你创新的潜能,而且使你在此过程中不会感到沉闷,只体会到创造的乐趣和兴奋。

很多人借助外力以产生大量创新性的构想;有些人可以产生很多构想,但这些构想并不出奇,他们本身也无法将这些构想加以精练而化为行动;另外有些人对错误的问题产生大量构想,这对原来的问题无济于事。"力行"的过程和方法,对于上述各类型的人,都可以提供帮助和刺激,而且可以视其所牵涉的人和问题,加以部分或整体地运用。其中心策略与优点是整合出来并立即产生的后果及长期准备、有系统的慎重思考和轻松愉快的思考,成人般的思考和孩童似的想象,结构与自由,判断与批评。"力行"的过程是提供一种结构,而"力行"的技术则在此结构内激发创造力。它们是开启创新之门的钥匙。

在本书前面,我们提到了创造性思考的无穷益处,创新的技巧实在太重要了,适用于每个人。但是正如在人类行为的其他领域一样,除了你自己,没有人能向你证明创新思考技术的重要性。伽利略曾说:"你无法教一个人任何事情,而只能帮助他自己去寻求。"本书只提供给你一些练习和领悟,以刺激你学习,其余的就得靠你自己了。

下面简要介绍各种创新思考的技术及应用：

1. 界定问题的技术

集中焦点：（1）先问自己，为什么问题会存在。这可能导致对问题有更深入的了解。（2）试着将问题细分为小问题。

把握要点：对于问题的要点，至少写下3项重点描述。将这些描述加以组合，然后从中选出最具代表性的组合，以此为基础，重新写出一个新的和更妥切有效的描述。

扩展重点：列出问题解决的各种标准和目标，然后将列出的标准和目标加以扩展，再把由此而激发的新构想写下来。

2. 发展许多不同构想的技术

提示思想：征询其他不同背景、知识结构和智慧水平的人对于解决你的问题的意见。善用他们的意见以激发你自己的构想。

列举奇想：列出荒谬可笑的构想。利用它们来引发更合理可行的解决方法。

自由幻想：在"逻辑上与你的问题无关的事物"和"你的问题"之间，强迫自己找出两者的共同点，用以激发你的新构想。（1）写下一种物体、图画、植物或动物的名称。（2）详细地列出其特征。（3）利用这些特征激发你对问题解答的新构想。

综合妙想：将已收集的构想加以逻辑组合，用以激发新构想。

3. 辨认最佳构想的技术

整合构想：再次检视你的目标和标准，然后凭直觉选择出你认为最好的构想。

强化构想：非常严格地列出构想的缺点，设法把这些缺点加以优化，然后修改构想，以尽量减少缺点。

激励构想：试着夸大你的解决方法可能产生的最好和最坏的后果。修改你的方法，以降低产生坏的后果的概率，提高产生好的后果的概率。

爱因斯坦说过，往往单是精确地陈述问题就远比解决问题重要得多，因为解决问题也许只是些数学方法或实验技巧的运用。一位在一家著名的工程公司任职的工程师说，他们的工业设计讲习班，花了全部时间的1/3来研讨适当确定问题的技巧。适当确定问题是非常重要的，就如同那句俗语所讲的："好的开始是成功的一半。"

虽然确定问题很重要，但是我们经常只花几秒钟去了解我们所面对的问题。实际上，再多花几分钟对问题有一个较清楚的认识，可能比花上几小时、几天甚至几年来改正一个不清楚的问题所导致的糟糕结果更值得。

问题界定的阶段是在解决问题的过程中，首次对问题有意识地接触。如果这一步做得很有效，则会引发意识和潜意识做巨大无比的结合，共同朝解决问题的方向努力。潜意识被认为是自然的创新性的问题解决方法中最强大的助力。如果我们能重视问题，而且小心地加以界定，那么潜意识将会被引向解决问题的途径。

我们做了什么比我们做了多少更重要。解决问题所做的工作量并不重要，是否正确地解决了问题才重要。例如，一个陷入困境的潜水员，一旦他意识到他面临的问题，他可能用几种方式来叙述它，如我怎样逃脱困境？我怎样才能进行呼救，以保证我活下去？用什么方法可以让我摆脱困境？通常我们会立即抓住其中一个问题，并集中所有的精力去解决它。

独立思考也是集中心智来解决问题

有时我们会只见树木不见森林、只见森林不见树木或只见树木不见树叶。要看清目标必须恰当地集中注意力。如果我们不知道自己要找什么,也许找到的是别的东西;如果我们不晓得去哪儿,也许会到达另一处地方;如果我们不能全神贯注于最值得解决的问题,我们可能解决了一个错误的或没有价值的问题。把注意力集中到错误的问题上,往往使我们制造出一个新的问题来,而生活中最不幸的事情之一,便是我们自己造出来的问题,那是最难解决的。

我们的心智能力就像阳光在地球表面均匀地洒落一样。利用"集中焦点"的方法,我们可以集中心力于一个问题,然后就像放大镜的聚焦作用一样,我们的能量会燃烧起解决之火。

适当地界定问题往往非常重要,它可以使得答案多多少少地显露出来,或者无须借助意识的努力,潜意识即可浮现答案。"集中焦点"对体能技巧的好处更是明显。举例来说,打网球或高尔夫球时,集中注意力于球上是胜利的关键。一旦把双眼移开,打球的水准便会急速下降。托斯凯宁尼80岁时,他儿子问这位举世闻名的指挥家一生中最重要的成就是什么,托斯凯宁尼的答案是:"我此刻正在做的事,就是我一生中最重大的事,不管是在指挥交响乐团或剥橘子。"这位著名的指挥家的成功与其他运动员、商人、艺术家、作家和科学家的成功一样,都是能够集中精力做事的结果。

要集中精力,就需要在"做好少数事"和"做很多差劲事"中做一个抉择。

总之，当我们把每一件事都视为重要，结果会变成没有一件是真正重要的。一位著名的作家回忆说："我喜爱篮球、网球、排球和羽毛球，同时又对机械、科学、心理学、音乐与艺术有浓厚的兴趣。我曾经费尽心力，想在每一方面都出类拔萃，但在度过35年的生命之后，我终于明白没有人是全才。大彻大悟之后，我专心致力于其中一两项。现在我变得轻松愉快而且有成就感。我仍然有广泛的兴趣，也从事多样的活动，但不再尝试变成每一个项目的冠军。"

商业、教育和工业专家，时常遭遇到许多问题。如果他们试图解决所有问题，那么很可能没有几个问题可以成功解决。就好像一位木匠想同时钉数个钉子，肯定会将其中几个钉弯了。我们要想有效地解决问题，就必须列出所有可能遭遇到的问题，然后将这些问题按照重要性的顺序来加以处理。如果一些次要的问题没有解决，那将是我们解决重要问题所必须做出的牺牲。

问题的叙述，如果很特定或很狭隘，那么很多可能的答案会被我们所摒弃。

询问"为什么问题会存在"可以得到较广泛的问题陈述，这使我们能更妥当地面对问题。

一个工程督察发现，公路上某个特定的地方经常出现交通堵塞。要解决这个问题首先要寻求这个问题的可能界定，以及有关的可能答案。问"为什么"可得到较广泛的问题陈述，原先的问题陈述已包含了问题本身的解决途径，即拓宽高速公路。在工程界，对问题最初的陈述往往也是最先被设想到的解决方法。

每一个"为什么"都导致对问题的更广泛的陈述，并消除对以前设想的依赖。较广泛的问题的可能解决方法，也包括所有较狭隘的问题的解决方法。因此，问"为什么"的好处，是开启了通向更佳解决之道的大门。扩展问题的陈述所可能产生的缺点，是不易把握问题的重点，而把心力浪费在许多无用的解决方法上。我们所需要的是合适的陈述，不要太广泛，也不要太狭隘。

如果你想更富有，其理由可能包括增加安全感、权力、影响力，享受人生的乐趣、他人的尊敬、自尊或提早退休等。如果向往财富的主要原因是想提早退休，那么所要解决的真正问题应该是"我要如何才能提早退休？"某些人想早些退休的可能原因包括早点结束为别人做事的生涯、为了终日垂钓或为了到各地旅游等。如果想早些退休的原因是为了到各地旅游，那么解决的方法包括成为一名旅游经纪人、做一位导游或者加入外交工作等。这样你就可以不必成为一个富翁，也不必提早退休了。上面的每个主意，也许都要比有钱之后再去旅行的主意好，因为你也许永远也不会达到你心中的标准。可见问"为什么"将帮助我们更直接地找到问题的重心，并提供给我们更有用的解决方案。

学会将问题加以细分和把握要点

如果想要设计一部新汽车，毫无疑问地，应该将问题细分为车体设计、引擎设计、车轮与内部设计。不仅如此，上面各项问题都可以再加以细分，例如车体设计应包括车型设计、承力设计等。类似此种细分，都将有助于设计才华与精力的发挥。

一本书之所以细分为章、节与小标题，其目的在于对特定的某个问题进行论述，做专注的探讨，也便于作者的写作和读者的理解、应用与反应。军人喜欢将敌人划分成各个小部分，然后集中主力予以各个击破。

对于如何加宽高速公路的问题，可以将其细分为加宽的幅度大小、路面的种类与施工的方式。室内装潢的问题，可细分为不同房间的风格、壁纸的选用、油漆的颜色、镜子的选用、家具的安排布置、维修的难易等。捕鼠器的问题，也可细分为捕鼠器的设计、使用材料、安放、对老鼠的处置、用饵的选择、设计美观的要求等。

所有的问题都可以细分。可以就功能来加以细分，例如设陷阱或释放老鼠，装潢卧室或客厅；也可以以时限来细分，例如最初或最后设计完成的时间。

将问题加以细分，对改进新设计或修正既有设计都极有帮助。例如一本书可因功能划分为书页、装订方式和封面。现在让我们只考虑装订的问题，胶水、螺丝钻、夹子、订书机都是可能使用到的工具。其次谈到用纸的问题，硬纸板、新闻纸或图画纸都可能派上用场。再考虑封面的问题，硬纸板、纸、绸缎或塑胶封面等都应被列为考虑的目标。绝大多数书籍，都可以由上列因素排列组合而成。

发明家凯特林说过："研究的过程，就是把问题加以细分，因此可能发现其中很多已知的，而有时间专心去解决那些未知的部分。"将问题分解开来，我们才能抓住问题的重点。

"世界重量级拳王"阿里曾经指出，在他奋力一击之前，往往先使对手的抵抗力松弛，并以轻击来试探对手。高尔夫球选手了解精确地握紧球杆的重要性。球杆在手掌和手指间转动时，位置稍有偏差，球将会飞离目标。

"把握要点"的方法可以帮助我们从一个模糊的和没明确定义的问题中找出重点来，使我们对问题有更简明和完美的描述。也许这种方法对问题的"量"改变不大，但对于解答的"质"的改变却很大。

最明显的往往是被了解最少的。"把握要点"可以帮助我们确定对明显问题的了解，同时帮助我们对问题做清晰而简短的陈述。就如爱因斯坦所说："每一件事都应该尽可能地简化，但不能比简化更简化。"因此我们需要清除烦闷的心境、错误的强调、不正确的信息。诚如一位大学校长所指出的："有创新的人能够看透复杂情境，而从中分析出简洁的重点来。"

"把握要点法"的要点，在于把原本松散、啰唆或晦涩的问题陈述，转换成能把握问题重心的简明陈述。

确定问题目标的重点陈述之后，可用两行字来代替原来的重点字，然后从两行字中找出最能代表这一问题的重点字。通过这一新的枢纽字来陈述这一问题，可以使我们对问题有更透彻的了解。例如，"怎样让我们在晚上更容易入睡？""更容易入睡"是这一问题的重点字，一组类似的两行字如下所示：

深沉的　容易的　迅速的　安稳的
休息　打盹　睡眠　松弛　假寐

通过查字典我们可以找到相似可替换的字。如果我们选用了"深沉的睡眠"，那么可以用下列方式来重述这一问题——"我要如何才能在晚间深沉地睡着？"易于入睡，着重于睡意的引起，而深沉的睡眠强调从睡眠中恢复体力，这才是我们的注意焦点所在。此外可依据本身的需要，选择其余两个字的结合，对于问题有一个更佳的陈述。

现在让我们来考虑"汽车生产线工人生产力要如何提高？"这个问题。增进生产力是这一问题的重点字，列举其类似字如下：

  加倍 促进 增进 扩大 增大 活力 效率 生产力 工作负荷 有效

  选择的结果，"增进效率"是最能描述问题真义的，那么问题就变成了"要如何增进汽车工人的效率？"字的选择完全取决于个人的经验以及摆在眼前的事实。虽然两行字有多种不同的组合，但是当一群有识之士在做选择时，大多数人的选择可能是一样的。

"把握要点法"并不复杂而且不用耗费太多时间去思考，对问题的陈述也不会改变太大。但正如前面所述，对于问题的解答，"把握要点法"有戏剧化的影响，如导弹的轨道、钢琴音调的变动一样，对于结果都有显著的影响。

一个缺乏明确目标的人，永远不会超越此目标。如果我们在靶子外圈加上一圈，将会更容易命中。解决问题的长、短目标和标准，也会帮助我们对所要解决的问题下定义。例如我们希望捕鼠器的设计更经济、更富吸引力，耐久且操作简单。这些定义和设计目标将帮助我们排除昂贵、不吸引人、复杂、不耐用、不易操作的设计。上述目标同时提供某种标准，使我们能从各种设计中选取最好的一种。但从另一方面来讲，这些解决问题的标准，可能导致我们排斥不适合先前所定目标的任何构想，进而妨碍新奇和富有创意的构想的产生。

当代著名作家卡夫卡说过："每个人都生活在自身所携带的栅栏内，这也是人们写了许多动物故事的原因，那是一种渴求回归自然的原始欲望的表示。对人而言，自然生活才是人类的生活，但我们往往不明了这一点，也不愿去了解。事实上，人类的生存对人类而言是一种负担，因而他们放弃了幻想，在群体庇护下，他们觉得安全。他们列队穿越街道前往工作、进餐和娱乐的场所。结果不再有新奇之事，而仅存惯例、规则和指令。人类由于惧怕自由与责任，而宁愿躲在自筑的监狱里。"

"扩展重点"的方法，能够帮助我们克服不切实际的恐惧，超越不存在的界线，进行广泛的思考。它帮助我们扩大意识层面，思考一些不可思议与不可能的事情，更因此消除了我们内心的纷扰。一个人有了新的见地，思想就不再死板。

科幻小说能扩展人们的心智以寻求新的科学成就。发明家凯特林就时常扩展自己与身旁人的创新思考，原先通用汽车公司要花17个工作日才能把出厂的车子漆好，他向周围的一群研究人员提出了在1小时内完成此项工作的建议。这似乎是异想天开的事，没有人认为他的构想可行，有的人甚至嗤之以鼻。但是在几个月之后，他达到了这个目标。

马斯洛指出，有动机有创新意识的人，具有一些与人格无关的才能。"……只是努力工作和有勇气而已，例如有人大胆而又高傲地自认为是个艺术家，不仅以对待艺术家的态度对待自己，而且别人也以艺术家待他，于是他俨然成了个艺术家。""扩展重点"的方法就是要这样大胆地扩大问题和目标的层面。

第六章 学会独立思考,给自己一条出路

这个世界人来人往,世间角色各种各样,
也映射了每一次思考、行动、选择的背后,
你最后带给自己的是什么。
你想成为一个什么样的人?你的未来会怎样?
你的未来世界里都有谁?
这一个个问题,都在敲打着我们的内心。
你有怎样的思考和行动,
你的人生便会发生怎样的改变。
你想成为"谁",你就将会是"谁"。

要独立思考，更要有积极的行动

发明家凯特林说过："没有智慧的行动是疯狂的一种形式，而没有行动的智慧是世界上最大的愚蠢。"创新的过程是以一个好的问题解答作为开始，而不是以此作为结束。对问题的解答，通常需要人们尽量使用他们的创新力。

斯坦福大学教授约翰·阿罗德写道："只有很少数的构想是切合实际的。构想的失败，并非由于获得构想的方法不当，而是由于在应用时缺乏活泼的想象力。创新的过程，不是以产生一个构想为结束，而是以产生一个构想为开始。"爱迪生也曾说："天才是百分之一的灵感加上百分之九十九的汗水。"人们常常有灵感似的构想，但大部分有创新力的天才都消失无踪了，因为他们富有创新的构想像落叶离枝般地腐烂了。或许"创新力是百分之一的思考加上百分之九十九的实行"这条真理并没有被切实理解吧！

世界发明家研讨会主席富勒先生曾说："得到一个好的发明构想就像怀孕一样容易，而实行构想却像生下孩子并进行适当教养一样困难。"很多研究报告也已经指出，至少对于智力程度在天才以下的人来说，成功靠行动胜过靠思考。换句话说，成功有赖于将思考化为行动。

实行一个中等的构想，远比空想一个上等的构想高明。人们时常幻想有一天获得十全十美的构想，然后才心甘情愿地去实行，将构想永久存放在心理的仓库中是一种逃避行为，而且会妨碍更有创造力的想法进入心理仓库。

"力行"的方法强调的是行动，当我们想到要做某件事时，我们往往感到像那些真正付诸实践的人一样的成功。我们常听到这样的话："如果我买了某公司一股30元的股票,我现在就变成富人了。"或者是:"在此新发明上市前一年,我已经想过同样的构想了。"或者是:"如果我曾经决定当篮球队员,我现在已经是篮球明星了。"诸如此类的话,我们可能都曾想过、说过,但事与愿违,成功并非百分之九十九的思考加上百分之一的行动,一个成功者必须具有创新性的行动。

如果某人告诉你,他有写一本伟大著作的想法,但始终没有开始,而另外一个人也有同样的想法并去写了,那么你说哪一个是有创意的人呢?很显然是后者,而前者只能算是有创意的说者,并不是有创意的作者。

出人头地的人常常不是那些有伟大的构想和潜能的人,而是以他们的构想和潜能在做事的人,这种人试验他们的构想,而且主动地利用他们的潜能。反观失败者,他们往往是行动的观察者,而不是实际的行动者。

曾在公司或机关做过事的人都深知成事之难,更不用谈去做某些富有创意的事情了。由于没有人主动地去将言语或思想化作行动,新奇伟大的构想往往在公司中被束之高阁,然而对一个公司而言,创新性的行动常常比创新性的构想更重要。

一旦有了构想,就应该脚踏实地地去做。种子变成花朵,毛虫变成蝴蝶,蝌蚪变成青蛙,这是大自然的景象。而人们要周详地将构想化为行动,需要有持续的勇气、毅力及变通灵活性,也就是需要一种真正富有创意的努力。

美国海军陆战队有一句格言说:"采取行动——即使是错的!"如果你被困在散兵坑,试着去做做事,攻击也好,撤退也可,或者把坑掘得更深也行,千万别坐在那里去等候命运的裁决。当你有了构想,放手去做,不管是对还是错,除非你觉得构想不佳而想放弃,否则开始将构想付诸行动吧!

哥伦布花了14年的光阴才实现他计划中的航行;复印机早在发明人找到经济上的资助之前4年就被发明了;当贝尔一开始要出售他所发明的电话时,曾有人认为不需要,但他不加理会;盘尼西林的原始配方早在1929年就已经有了,但是过了好几年,它仍然没有被继续研究。可见要把构想转变为行动是需要相当的毅力的。

　　当织梭发明时，它被认为将对纺织工人造成威胁，因此纺织工聚众罢工，甚至破坏了织梭模型。1844年，豪勒斯·威尔士替别人拔牙时第一次使用了"笑气"，这在当时被同行讥为骗子，这情形正如同爱迪生所说的："社会永远没有准备去接受任何新的发明，每样东西都会遭到抵制，通常要花上几年时间才能使人们听取发明家的话，还要再等上几年才能将发明的东西正式上市。"

　　威廉·奥斯勒曾说："在科学上，功劳归之于能说服世人的人，而不是产生构想的人。"除了上面提到的一些曾有伟大构想的人外，其他很多人也都有伟大的构想，但功劳归于那些能把这些构想付诸实行的人。

　　要变构想为行动，必须克服别人所带来的和你自己所加上的障碍，保持一种积极的态度和愿意修改构想的勇气，并且要持续努力到构想完成的时候。

　　思考是行动的种子，将构想转化成行动，需要毅力和努力。诚如耶稣所言："灵魂是强劲的，但肉体是脆弱的。"人们常常为了新构想而兴奋，但面对实行构想所必须经历的困难和别人的抵制，就很容易丧气。

让自己的创意与行动结合起来

即使获得卓越的创意也远远不能成功,因为获得创意只占整个解决问题过程的10%,而其余90%则是对创意的实行及立即对创意进行加工的过程。

在这个世界上,具备只要有进取心、耐心及毅力必能成功的认知,但最后因缺乏这些要件抱憾而终的人不知有多少。

完全相反的人也有,创意诞生后是生是死取决于产生创意者的态度及他们能把创意发挥至何种程度。这里,我们来讲一个故事。

第二次世界大战之前,罗杰是一名推销经理,其妻桃乐丝是一名时装模特儿。第二次世界大战时,罗杰应征入伍服役,在战役中受伤,入海军医院疗养了一阵子。在疗养期间,他从事皮革加工以打发时间。罗杰和桃乐丝,无论哪一个人,做梦都没想到加工皮革这种消遣竟然决定了他们今后一生的命运。

第二次世界大战结束后,罗杰返乡恢复平民生活。某一天晚上,桃乐丝的一位女朋友到他们家做客(当时他们住在纽约)。茶余饭后,大家闲谈了一阵子,这位女士得意地向他们展示她新买的手提包说道:"这玩意花了我80美元。"罗杰听完之后,便把那只皮包拿过来,翻来覆去看了一遍之后说:"太贵了!这种货色我用15美元就可以帮你做出来。"第二天,为证明自己不是吹牛,罗杰出门买了一套工具和上等牛皮。一回到家,罗杰便立刻开始剪裁、缝制,没多久,手提包就完成了。其手工之精致,令桃乐丝看后爱不释手!

罗杰看太太高兴，自己也很高兴。在高兴之余，他脑中灵光一现，想到既然自己具备技术方面的知识，又有推销经验，桃乐丝在时装界又有许多熟人，自己何不朝皮革制造业发展呢！于是他把自己的想法与桃乐丝商量，桃乐丝也觉得这是个好主意，因此二人决定联手展开行动。

刚开始时，他们在自己只有3个房间的公寓中制造样品（为拿去给买主看），由桃乐丝设计，罗杰负责制作，二人一同工作忙得不亦乐乎！但他们都知道还有一个最大的问题尚未解决，那就是该如何获得订单，若无订单，创意再好也是枉然。

罗杰将样品夹在腋下，不辞劳苦地一家一家走访纽约的大商店，但由于他们年纪太轻，名气又不大，所以不断遭到拒绝。但罗杰并不气馁，他总是替自己打气，鼓励自己继续尝试别的机会。终于，他遇见纽约第五街著名商店Socks的供应商。这位供应商一看到罗杰带来的样品便十分欣赏，他表示罗杰能做多少，他就愿意购买多少。

从此以后，罗杰夫妇小小的公寓里每晚都大放光明。他们夫妻俩为了应付订单，夜以继日地工作着，皮革与工具散放得满地都是，两名孩童穿梭其间玩耍，此时，罗杰的家已经变成生产提包的工厂了。那段日子他们的确过得十分艰辛，夫妇俩不但要维持家计，还要照顾两名幼子，非常劳累。直至今日，在他们当时居住寓所的地板上，仍然留着他们辛勤工作的痕迹。

两三个月转眼就过去了，他们不断收到全国各地的订单。罗杰租下一个小阁楼，和太太二人继续在那儿努力工作。但尽管他们已如此努力，距离摆脱赤字仍很遥远。于是，为了补贴家用，第二年，桃乐丝重返模特儿公司工作。

后来，由于某种创意，他们一跃成为同行业中的翘楚。原来桃乐丝设计出一种小孩用的沙袋型手提袋，她的创意被送到LOOK这个全国性杂志的编辑部。一位编辑对她的创意非常感兴趣，并且以此为主题写了一篇专题报道，附带介绍了一下罗杰与桃乐丝的奋斗史。就是因为这篇刊登在全国性杂志上的文章，他们一夜之间声名大噪，产品在极短的时间里便卖出了100万个。此后，他们踏上了平坦大道，Van. S所制的商品从此闻名全国。

今天，Van.S已成长为大企业，所制产品无人不知、无人不晓。由于产品畅销，罗杰与桃乐丝首次获得100万美元盈利，那一年，他们才30岁出头。

任何一种创新努力都会因别人的抗拒而遇到挫折，但是有一些挫折和对失败的恐惧，却常常始于自己，并成为应用创新构想的最大障碍。

人们经常将自己的挫折归因于缺乏反应的大众、无创新的环境、小心眼的老板、头脑简单的商人、缺乏经济上的支援等，这些因素可能是真实的，是导致挫折的原因。但事实上，具有创新力的人同样都遭遇过这些障碍，但是他们中的大多数能够不在乎这些因素而坚持下去。

有了创新构想并将它告诉别人时，我们必须冒着可能失去它的危险。如果我们送一个剧本给制片人，或送一本书的纲要给出版社，他们可能窃取其中的构想；当我们把一个可能获得专利的构想让律师过目，律师可能窃取其中的构想；当我们把一个节省公司资财的构想告诉老板，老板可能窃取其中的构想。

有一位办理专利事务的律师说，有些人来找他，背后拿着一个装满文件的纸袋，请求他给出建议，但是拒绝说出他们的构想，因为怕构想被偷走。这种担心是合理的，因为有些人确实曾偷取别人的构想。但是，如果我们不肯相信某些人，那么就不可能把构想转为行动。所以应该先了解专利代理律师的声誉，然后将你的构想、文件或纲要等加盖日期，而且在让专利代理律师过目之前，先请别人做证。千万别为了怕别人偷去你的构想而犹豫不决，或在这节骨眼上放弃了。

人们常常因为不愿和别人分享赞美和利益，以致在走向圆满的过程中停下来。没有人会在没有充分分享名誉和利益的前提下，在经济上支援一项发明。老板常会因为雇员的构想而分享到赞美，因为社会上认为，老板的英明睿智是他的雇员的创新力得以实现的一个重要因素。如果你拒绝与别人分享你的构想所带来的利益，导致构想永远不被应用，你就会失掉所有可能的利益。

著名心理学家马斯洛有一次在准备从事一项新计划时，很多热心的人士、说好听话的人，以及设计家都志愿来帮忙。马斯洛想试试这些人是否愿意辛勤劳动，因此他拿了一些沉闷但是有价值的工作要他们做，结果20个人中有19个人没有通过这项试验。

很多影星、发明家和艺术家常被称为一夜成名，人们忽略了成功者多年来的失败和坚持不懈的精神。很多人没有觉察到，也没有时间或资金在变构想为行动的过程中坚持下去。他们常常是在需要坚持之前，就因为疲乏和沮丧而放弃了，这是很自然的事。但是真正具有创新力的人并不会真的放弃，他可能暂时脱离工作，但是如果他深信自己的构想，终究会坚持下去，而把构想完成。

海明威曾说："当一个解决方法出现了，你最好准备为它奋斗到头破血流为止。"人们常常因为不愿意用尽心力去奋斗和面对失败与打击，在奋斗之前就放弃了。

挫折与焦虑常伴随在创新的过程中。构想是否能真正生效？别人是否会不断打击它？我是否有力量将它完成？别人会怎样说我？富有创新力的人知道挫折和焦虑的可能性，有勇气坚持他的构想直到成功，他们坚忍的毅力归因于对创新的过程的态度和对自我概念的认知。

人类可以借助改变他们的态度来改变生活。如果我们认为自己可以成功，那么无论什么样的障碍都可以克服，我们也能够坚持下去。林肯说过："永远都要记住，成功的决心比其他任何事情都重要。"

积极的创意一定伴随着积极的思想

创造思考的能力是我们每个人都具备的一种天赋。只要多动脑筋，你就可以获得对公司、事业，乃至于自己的生活有所助益的创意，而基本上你只要具备观察力与敏感性就能获得它。

奇怪的是，常有人认为自己"不可能"有创意。这可能是他们的创造力尚未被开发的缘故。事实上这些人头脑中还是有相当机敏的意识的，但他们一遇到困难便产生放弃的念头，以致创意皆遭封杀。

那么，到底什么是创意的障碍呢？所谓障碍其实就是"看来好像会不顺利"的你自己的心声。这种声音一直在头脑里回旋，你便会老是想着为什么事情不顺利，越想不透就越想，不知不觉中浪费了不少时间。现在你应该做的是马上停止这种无用的胡思乱想，有效地利用时间，积极找出创意来源，并加以开发。一遇障碍就退却的人，永远得不到成功。

独特创意的产生并不是资质优异的人或职业专家的专利，只要抱着积极的态度，每个人都可以做到。反之，你若常保持悲观态度，创意便会被扼杀。

许多成功人士的成功秘诀就是——再多一点创意。如果你能认识到这一点，又能切实为之，相信你也一定可以像他们一样成功。

其实，当你将自己十分满意的建议呈递到上司的办公桌上，不幸被驳回时，你不必伤心，更不该气馁。如果你认为自己的建议绝对能为公司带来利益，则不妨将它重新包装，等过一段时间后再提出。有创意又有耐心的人，一定是最后的胜利者。

大的工业机构通常设有研究与发展部门，它们基本上研究如何产生构想，并借助试验和修改构想使之具体化。

很多构想在开始时只是内心的一个想法，一旦构想开始形成，就必须经过修改、补充或简化，使其渐趋完善。构想必须有一个特定的目的，以避免在实施时可能遇到的障碍。也许一项新产品必须制作得更可靠、更吸引人、更持久、更容易修理、更有效率，也许这项新产品太昂贵，不容易制作、销售。只有具备坚毅的品质，并具有愿意修改构想的弹性思维，将构想转变成行动的努力才会成功。

什么时候要放弃构想中的某一部分？什么时候坚持是美德、弹性是缺点呢？往往过分坚持被认为是顽固，而过分富于弹性则是马虎的态度。我们必须完全投入原有的构想，但同时心里要明白，构想也可能有错。疑虑令人不舒服，而武断是可笑的。

弹性和坚持的适当平衡要靠经验，例如有经验的机械师，学到使用螺钉帽要用适量的转矩，不能太少，以免容易松掉，也不能太多，以免损害了螺纹。

一个构想在开始时只是个粗糙的雏形，具有加以修改的可能性，在履行的过程中，再将它发展成一种成形的产品。很多设计者都是用纸、泥土来做初步的设计，然后逐渐地将它修改、铸形，使其最终变成成形的产品。作家在写作时，通常先快速地写成结构并不十分严谨的初稿，然后加以细心修改，最后送去出版。

掌握最佳情况和最好时机

在变构想为行动的过程中,我们的目的在于修改构想,使其达到最佳的状态。构想应该被修改到具有最大的成功机会,不能太复杂,也不能太简单;不能太昂贵,也不能太廉价;不能太精致,也不能太平庸。

我们希望在应用构想之前,把它修改到最佳的状况,就像吃水果一样,我们不希望太早或太迟摘下水果,而是等待最适当的时候去采摘,因为这个时候的水果味道最佳。

当修改构想时,我们必须寻找最佳时机以增进成功的机会。生手往往在此时感到困难,正如初试长跑者不是跑得太慢而输掉,就是跑得太快而无法跑完全程;初试驾驶者在他们学会适当地放松刹车和控制方向盘之前,常常把车子开得东歪西斜的。

跑步者、驾驶员和创新者,都必须以相同的方式找到最佳时机。他们在透过经验发现最佳时机以前,都曾经遇到过极端的情况。作为一个创新思考者,有时会想得太严肃或太松散,思考的时间太长或太短,想出来的东西也常常太激进或太平凡,但靠着经验不断地修改构想,他们最终会变成成功的创新者。

没有十全十美的人物,也没有十全十美的构想,千万别寻求十全十美,修改的过程是持续的、没有止境的。不论有多少困难,继续下去,虽然总会有黑暗的时刻以及犹疑不定的时期,但成功是可能实现的。

有的时候我们等待事情变得容易时,再动手去做。事实上,最适当的时机就是现在，有构想就着手去做吧！托马斯·杰弗逊曾说："自由是一寸一寸争取来的，我们不能在羽毛床上，将专制变成自由。"同样地，创新力的培养也是一种逐步的游戏，构想是一小步一小步地转化成行动的，别固守在一夜成名的成功方式上，要逐渐步向征服整个困难的过程。

所有创新者都遭遇过困难的焦虑，但是他们更能坚持到完成，因此对于偶尔的放弃、没有善用时间、对自己的构想感到太紧张和没有把握等，都不要过于忧虑，也千万别放弃。诚如海明威所说的："全力奋斗甚至到一个流血的结束，为此事你会感到高兴的。"

有风险更有机遇

任何有回报的事情都是风险和机遇并存,想要平稳的生活,就要有平凡的思想;想要站在高处,就要有承受风雨的能力。我们对自己人生的投资,都是机会与风险并存,要想获得更大的成功就要承担更大的风险。

没错,在这个世界上,成功和财富背后都存在着风险,是危机还是机遇,不在于事物本身,而在于你看待问题的方式。不敢冒险的人,看到的是机遇中的风险,生怕自己遭遇灾难和失败,所以连尝试的勇气都没有;而敢于冒险的人,看到的是风险中的机遇,而且认为风险越大往往收获越大,所以时常大胆地行动。结果可想而知,冒险并不代表着成功,但是那些不敢冒险的人则只能原地踏步,甚至越来越窘迫;而敢于冒险的人确实赢得了不少大好机会。

美国金融巨头摩根是一位敢于冒险的犹太商人,他认为哪里有风险,哪里就有机遇。所以,当看到一个机遇时,明知道那里充满了风险,他仍毫不犹豫地走上去。正因如此,他做出了很多惊人的投资策略,创造了不凡的财富。

19世纪末,铁路运输是美国主要的运输方式,但是由于当时铁路线路分散,没有构成系统的运输网络,所以铁路运输也没有那么方便。如果想要将美国铁路线路构成一个完整的运输网络,就需要投入巨额的资金,而银行投资就成了铁路建设的重要资金来源。

之后,随着生产力的发展,企业社会化程度越来越高,企业的拆散、合并也愈加频繁，资金的借贷也越来越大。在这关键时刻，投资银行不仅需要雄厚的实力作为后盾，更需要很高的信誉，这样才能在激烈的竞争中生存发展。而此时美国爆发了经济危机，众多企业公司面临破产的危机，他们将唯一的希望寄托在摩根身上，希望他可以收购自己的公司，成为企业的救世主。

在这个时候，无论投资哪一个行业都会面临巨大的风险，可是摩根却做出了一个令人震惊的决策。他将自己的投资放在了美国铁路上，采用了"高价买下"战略。因为当时美国铁路建设需要巨额资金，况且有些西部铁路早已经不符合当今社会的发展要求，需要从头到脚进行整顿。可是，摩根却通通将它们买下，大量投资，希望迅速整顿整个美国的铁路业。

很多人认为，摩根这次投资策略太过冒险，甚至有人认为这是一次投资策略的失误，一旦失败，他和他的金融王国就会不复存在。可是，摩根成功了，他不仅创造了投资奇迹，更影响了美国传统的经营战略和思想，给美国经济发展带来了巨大影响。摩根不仅促使华尔街成为美国经济的中心，更使其成了世界金融界的翘楚。

摩根是一个有胆量和眼光的人，别人看到了巨大的风险，而他却看到了巨大的机遇。所以，他没有因为风险而停住脚步，大胆地在风险中拼搏，所以他获得了巨人的商机，也获得了巨大的成功。

哪里有风险，哪里就有机遇。这绝对是商界的一句至理名言。所以我们应该敢于冒险，只有如此，我们才能抓住成功的机会，才能更进一步地接近成功。只有如此，我们才能体会到追逐梦想的快乐，体会到别人无法想象的感觉。

可是现实生活中，很多人不愿意冒险，做什么事情都小心翼翼。即便看到那里有大好机遇，他们也会犹豫不决，反复思考着：这会不会是陷阱？这会不会有风险？我还是稳妥些吧！就是因为他们不敢冒险，所以一生注定与财富和成功无缘。

不仅如此，他们还时常嘲笑那些敢于冒险的人，觉得那些人都是傻子、疯子。可事实上，犯傻的只有他们自己。要知道，任何地方都有危险，做任何事情都有风险，冒险是我们人生的必经之路，也是我们挑战成功的第一步。那种甘于平淡的生活、按部就班的人生的确相对来说比较安全，但并不能保证会一帆风顺，而是会像一潭死水一样，激不起任何波澜，更不会出现太多奇迹。

说到这里，我想起一个流传很久的故事：

很久之前，美国中部有一名少年，名叫鲁克。生活在内陆的他从来没有见过大海，他最大的愿望就是可以在大海中畅游。

终于有一天，他来到了东海岸，见到了梦寐以求的大海，可是他却发现海面上笼罩着浓浓雾气，丝毫没有想象中那样波澜壮阔的美景。迎着潮湿又寒冷的海风，鲁克蜷缩着身子，漫不经心地在海边散步。这时，他遇到了一位刚刚上岸的水手，便说道："我喜欢波澜壮阔的大海，喜欢海洋蔚蓝的颜色，可是我今天却只看到了冷雾。幸亏我不是水手，否则真的无法适应这样的生活。"

水手微笑着说："大部分人都有你这样的想法，有时就连我的同事都不愿意再当水手了。"

鲁克立即好奇地问道："他们为什么不愿意再当水手？是因为这是一份危险的工作吗？你也有这样的想法吗？"

水手说道："这确实是一份非常危险的工作，但是我十分热爱自己的工作，所以根本不惧危险。事实上，我的家人都十分热爱大海，从我的祖父开始，我的家人就从事这份工作了，我的祖父、父亲、兄长都是出色的水手。但不幸的是，他们都遇到了海难，葬身于大海。"

鲁克大吃一惊，立即惊讶地问道："那你为什么还要做这么危险的工作？如果我是你，永远都不会愿意和大海打交道。"

水手看着鲁克的眼睛，严肃地说："那么，请你告诉我，你的祖父和父亲都死在什么地方？"

鲁克沉痛地说："我的祖父死在床上，我的父亲也是如此。他们都是在床上病死的。"

水手笑着说："那么在你看来，床是不是也是一个十分危险的地方？你是不是再也不敢到床上去了？"

就像水手说的，哪里都有危险，那么我们就什么都不做了吗？当然不是！

危险和机会是成功的两个方面，我们不能因为害怕危险而忽视其背后的机会，做事情畏畏缩缩。我们需要辩证地看待问题，把那些危险看成成功道路上的考验，为了实现自己的梦想和做自己热爱的事情，鼓起勇气去挑战。

同时，记住马云的话——"危机是危险中的机会"，多大的风险就蕴含着多大的机遇，我们只有勇敢地尝试和挑战，不让危险阻挡前进的步伐，才能找到危险背后蕴藏的巨大的机会，从而找到更大的成功和更多的财富。

敢于大胆尝试

美国康奈尔大学的威克教授做过一个有趣的实验,他把一只瓶子平放在桌上,瓶的底部向着有光亮的一方,瓶口敞开,然后放进几只苍蝇。瓶底光线最明亮,但根本没有出口,苍蝇如何实现自救?出人意料的是,不到几分钟,所有的苍蝇都飞出去了。原因何在?原来苍蝇经过了多方尝试——向上、向下、向光、背光,一方不通立即改变方向,虽然免不了多次碰壁,但最终总会飞向瓶口,得以逃生。

这个实验给我们一个启示:成功没有秘诀,只有不断地尝试、改变、再尝试、再改变……

可生活中很多人不懂得这个道理,他们或是因为害怕失败而拒绝尝试,或是因为安于现状而不想尝试,甚至仅凭以往经验就不愿尝试……因为害怕自己在公共场合出丑,而不敢当众发言;因为害怕被水呛到,而不敢潜入水中学游泳;因为别人失败了,便认为自己不可能成功;因为之前没有成功,便认为自己永远做不到……

可他们没有想过一个问题,不真的尝试一下,怎么知道自己就不能成功呢?没有任何一种逃避能得到奖赏,没有任何一次放弃能获得成功。一个人如果不愿意尝试,就只能失败,更重要的是,他会被这种思维牢牢困住,习惯逃避,习惯放弃,习惯否定自己。

很多时候,我们和某些看似不可能的事情之间,差的只是试一试的勇气。说到底,对那些看似不可能的事情,与其花费大把的时间和精力,望而却步，想东想西，不如先抬起脚去试一试。对于那些看似不可能的事情，不去试一试的话，怎能知道到底有没有成功的可能？

不妨看看林肯的故事：

林肯小时候，他的父亲在西雅图以低价购买了一处农场。这处农场之所以价格较低，是因为地上有很多石头。母亲建议把石头搬走，但父亲却认为，这些石头是一座座小山头，和大山连着，是根本搬不动的，如果这些石头可以搬走的话，那原来的农场主就不会搬家走了，也就不会把地卖给我们。

有一天父亲进城买马，母亲决定带着孩子们试着搬一搬石头，结果没用多长时间，他们就把石头搬光了。原来，这些石头并不像父亲想象的那样，是一座座小山头，而是一块块孤零零的石块，只要往下挖30厘米，就可以把它们晃动。

看到了，只有尝试之后，你才能发现自己是否做得到；只有尝试之后，你才能知道是福是祸。所以遇到问题时，不要主观臆断，不要选择逃避，大胆地尝试一下才是最好的选择。我们最大的敌人就是自己，一切难题的产生都来自你的内心。我们只有战胜了自己，大胆地尝试，才能战胜所有的对手。

或许有人说，尝试，说起来容易，可是失败了怎么办？生活中有很多人不是不想获得财富，也不是没有遇到机遇，而是缺少大胆尝试的勇气。看看我们身边有多少人因为不敢尝试而只能原地踏步，又有多少企业因为缺少大胆尝试的勇气，而失去做大做强的良机。

是的，由于种种原因，你的尝试可能失败。可如果你不尝试，那么就永远没有成功的可能。凡是聪明的人都敢于大胆尝试，因为他们知道，即使不成熟的尝试，也好过因为逃避而痛失良机。

《比尔·盖茨智传》中有这样一段描述：科莱特是英国的一个男孩，他以优异的成绩考入了美国哈佛大学，常和他坐在一起听课的是一个18岁的美国小伙子。大学二年级时，这个小伙子和科莱特商议，希望能一起退学，去开发一种叫32BIT的财务软件，因为新编教科书中已解决了进位制路径转换问题。

当时，科莱特感到非常惊诧，因为哈佛是多少人挤破脑袋都想考入的，他好不容易才考进来，他来这儿是求学的，不是来闹着玩的。再说对BIT系统，老师才教了点皮毛而已，要开发BIT财务软件，凭借他们的能力是不可能的，于是他委婉地拒绝了那个小伙子的邀请。

就这样那个美国小伙子退学了，科莱特则继续攻读大学，之后成为哈佛大学计算机系BIT方面的博士研究生。顺利拿到博士后学位之后，科莱特认为自己已具备了足够的学识可以研究和开发BIT系统软件了，这时他才得知，这几年随着电脑科技的发展，BIT系统已经落后了，而那个美国小伙子退学后一直在研究软件开发，他已经绕过BIT系统，开发出EIP财务软件，这种软件比BIT快1500倍，并且在2周内占领了全球市场。而那个美国小伙子就是比尔·盖茨，之后他的名字传遍全球的每一个角落。

为什么科莱特和比尔·盖茨的境遇完全不同？很简单，科莱特考虑得太多了，不敢大胆地尝试，而比尔·盖茨则拥有大胆尝试的勇气，抓住了大好机会，从而取得了非凡的成就。

尝试是需要勇气的，一个没有勇气去尝试的人，何谈成功？对待任何事情都不要轻易说"不可能"，拿出勇气去尝试，或许就可以得到不一样的结果。

当然，大胆尝试不代表着蛮干、盲目冒险。若是明知道前面是陷阱，明知道某件事情绝不可能成功，仍任性地去做，那这个人便不是勇敢者，而是愚蠢者。

有时断绝后路，才会柳暗花明

在前进的过程中，许多人习惯三思而后行，给自己留一条后路。他们觉得这是未雨绸缪，万一事情失败了，自己不至于输得太惨、太难看，不至于连重新再来的机会都没有。这看似是一种十分明智的选择，也是一种很普遍的思维。

可是，给自己留一条后路，以备不时之需，真的有利于我们成功吗？

人都是有一定依赖性和惰性的，一旦给自己留了后路，给自己另一个选择的余地，那么在做事的时候就不会拼尽全力，在遇到困难的时候就会想着选择一条比较轻松的路。因为有后路，所以少了义无反顾、拼尽全力；因为有后路，所以无须把自己逼得太紧；因为有后路，所以在本应坚持的时候放弃了坚持……就是因为有后路，所以人们容易在困难和挑战面前倦怠、退却、妥协，而这后路也成了人们前进道路上的阻碍和成功道路上的"绊脚石"。

"破釜沉舟"的故事就是一个将"不留后路"思维运用于军事战争的成功案例。

公元前208年，秦二世胡亥派大将章邯率领20万大军北渡黄河攻打赵国。赵国哪是秦国的对手，交战几次后就被秦军围困在巨鹿，处境十分危险，只好求救于楚国。于是，楚怀王封宋义为上将军，项羽为副将，带领两万人马救援赵国。可是宋义担心与强秦决战会损伤楚军实力，行至安阳后便令兵马安营扎寨，一连46天按兵不动。项羽心急如焚，多次劝宋义无果。

眼看军中粮草缺乏、士卒困顿，赵国又一再派人前来请求支援，而宋义仍旧按兵不动，项羽忍无可忍，进营帐杀了宋义，夺取兵权，带兵渡过漳河。渡过漳河后，项羽见秦军人马众多、士气正盛，要打败他们，必定要想出一个好的战法才行。于是，他命令士兵们把渡船通通凿穿，沉下水底；烧掉自己的营房，又把行军煮饭的锅也都打得粉碎，每人带着三天的干粮。将士们看到锅砸了，船沉了，如果不拼死一战，就要给活捉了！因此，人人都抱着进则生、退则死的决心，拼命向前，以一当十，喊声震天，锐不可当，最终大破20万秦军，一举救下赵国。

两军相遇勇者胜，项羽用破釜沉舟的办法断了将士们的后路，虽然这样的做法有些冒险，却使楚军抱着必死决心义无反顾、一往无前，最终取胜。大胆假设一下，如果项羽当初没有"破釜沉舟"，给自己留有退路，那么楚军面对强秦时很有可能为了求生选择逃跑，那历史恐怕得重新书写。

所以，我们需要有自断后路的勇气，有"破釜沉舟"的决心。没有退路，自然就有出路；身处绝境，自然就无法再后退和妥协，更没有放弃的理由。只有鼓起勇气奋力一搏，才能激起无限的斗志，从而创造奇迹。

没有退路，才有出路。断绝后路，才能柳暗花明。人这一辈子，至少应该有一次放手一搏、破釜沉舟，否则很难有更大的成就。事实上，很多成功者都有这样的勇气，他们看到大好机会，就会马上行动，甚至不惜做出孤注一掷的选择。

企业家李长春就是如此，他说："如果我手中只有100块钱去买东西，有电视机也有羊肉串机，我肯定选择羊肉串机。电视机虽然可以让人享受，但羊肉串机才可以帮我们赚到更多的电视机。"

在公司资金极度短缺的情况下，李长春毅然拍板买回各种型号的塔吊29台，这种大气魄的投入，在全国同行业中也是少有的，而结果也正如他所预料的，29台塔吊全部运转，给公司带来了巨大的经济效益，年产值突破了1亿元，利润达到近3000万元，让人惊叹不已。

"双手出击，当然比一只手出击更有力，如果能打出一套漂亮的组合拳，那威力必将更大。"由于市场的不断变化，李长春并没有死守阵营，在成功盘活了一建公司后,他又打出了有效的一拳,并且打出了漂亮的组合拳,一口气组建了石膏板线厂、大理石制品厂等八家边缘实体公司,更是以质优价廉抢占市场,一举成为当地规模最大、品种最全的企业。

就是因为他敢放手一搏,所以创造了一个又一个大赢的奇迹。回过头想想,若是李长春总想着给自己留后路,凡事想着周全,那么还有后面的成就吗?

想要取得梦寐以求的成就,我们就应该有放手一搏的勇气,有破釜沉舟的气魄。具有切断后路的勇气和气魄,自然就能切断我们的惰性,促使我们坚定不移地朝着自己的目标前进,即使遇到再大的困难和挫折,也会迎头抵抗,绝不放弃!

人生最大的危机是舒适区

英国有一句俗语:"Push yourself out of your comfort zone."翻译成中文就是:"生于忧患,死于安乐。"

这句话我们每天都在说,道理谁都懂得。不管什么时候,我们都应该有忧患意识,越是在舒适区越不能贪图安逸,否则会让自己陷入危机之中。然而,人们就是容易走进心理的舒适区,成功了便不再想着努力,生活好了就不再想着拼搏。

当别人劝他们继续前进的时候,他们总是说:"我好不容易才成功,为什么还要冒险?""我现在已经小有成就了,也该心满意足了!"他们已经走进了心理舒适区,一心享受所谓的成功和幸福,贪图眼前的舒服和安逸。

这样的人,不正像被温水煮的青蛙吗?他们因为舒适不思改变,日复一日,舒适消磨了他们的欲望、斗志,更让他们失去了警惕心和危机感。他们因为舒适安于现状,不愿做具有挑战的事情,以及尝试新东西。一旦生活出现变故,这个舒适区被打破,他们就会变得不堪一击、彻底堕落,等待他们的就只有灭亡。

我们应该知道,安逸,不过是短暂的假象,所谓的舒适区,才是人生最大的危机。除非你甘愿一生平庸和无所作为,否则就应该大胆地走出舒适区。不妨来看看关于鲨鱼的传说:

在古老的传说中,诸神创造了世间万物。为了让鱼类能在海洋中、河流中顺畅地游动,神赋予鱼以流线型的身体,还给了它们短而有力的鳍。但当神把鱼放进海里后，上帝突然想到一个问题，鱼的身体相对密度是大于水的，一旦停下来就会沉到海底，那么水压就会把它们压死。为了解决这个问题，上帝又赋予鱼一个法宝，这就是鱼鳔。

鱼鳔可以说是一个随意控制的气囊，鱼儿们可以通过调节气囊来掌控身体的沉浮。这样，鱼在海里就轻松多了，不但可以自掌沉浮，还可以在累的时候停在某处休息。

于是，所有的鱼都被装上了鱼鳔，却独独缺少了鲨鱼。是神忘记了，还是对它特殊对待呢？原来，鲨鱼天性顽劣，一入大海就消失得无影无踪，神呼唤了很长时间也没有找到它。没有办法，神只好先把这件事放一放，结果这事一放就是几亿年。

有一天，神终于想起了那个顽皮的孩子，想看看它是否还好好地生存着。可是神转念一想，没有鱼鳔，怎么能在海底好好地生存呢？估计鲨鱼早就死去了吧！

很快，神将海里的鱼都招呼过来，经过几亿年的变化，所有的鱼都变了模样。看着各式各样的鱼，神感到疑惑，哪个才是鲨鱼呢？唉！或许那孩子真的早已经死去了吧！

神不甘心地问道："谁是鲨鱼？"

谁知一群威猛强壮、斗志昂扬的鱼冲上前来。

神感到很惊讶，就问："你们真的是鲨鱼？没有鱼鳔，你们是怎么生存下来的？"

鲨鱼解释道："因为没有鱼鳔，我们面临着巨大的压力，不像其他鱼类一样可以自由自在地游动。为了活命，我们不能有丝毫松懈，因为一旦停止游动，就有可能沉入海底。因此，亿万年来，我们从不曾停止游动，游动与抗争成了我们的生存方式。而这，练就了我们强壮的体魄，我们现在就是海中霸王。"

鲨鱼，不是海洋中体型最庞大的生物，却是海洋中最凶猛的生物，是名副其实的霸主。而且，它也是世界上最古老的物种，在恐龙出现前的三亿年前就出现在地球上了。为什么鲨鱼能成为海洋中的霸主，并且存活这么长时间？就是因为它们始终不停地游动，丝毫没有懈怠和懒惰。它们知道，若是自己贪图舒适的生活，选择停下来，那么就会被海水吞噬，就会被淘汰。

人生也是同样的道理。这个世界上，谁不愿意过安逸的生活，谁不愿意享受舒适的环境？可是安逸是一种致命毒药，谁想要躺在舒适区，谁就等于让自己提前步入了死亡，就无法在这个社会生存，更别提获取成功和财富。

当你在舒适区待的时间过长，你就会习惯安逸的生活，内心就会变得懒散，意志就会变得脆弱，逐渐失去生活的激情和进取的勇气。最可怕的是，你看不到机遇，看不到风险，更看不到危机。即便机遇已经来到你面前，你仍不愿意努力去抓住；即便危机已经来到你面前，你依旧毫无察觉。

所以，不要让自己走入舒适区，更不要贪图舒适区的安逸。如果你发现自己已经进入舒适区，那么就赶紧逃离吧！

危机，或许正是你的良机

19世纪法国著名作家福楼拜说过："你一生中最光辉的日子，并非成功的那一天，而是能从悲叹和绝望中涌出对人生挑战的心情和干劲的日子。"这句话是说，那些所谓不利的条件，对于一个人来说，往往是他成功的动力；那些所谓的危机，对于一个人来说，往往是他逆风飞行的转机。

所谓危机，一面是危险，一面是机遇。遇到危机，只看到危险，却看不到机遇，消极应对，怨天尤人，那么我们永远也无法成功。遇到危机，能看到危险，也能看到机遇，沉着冷静，积极应对，我们不仅能化解危机，还能从另一方面找到更大的发展契机。可以说，危机与商机本来就存在于一念之间，正如道家始祖老子所说："祸兮福之所倚，福兮祸之所伏。"

不要不相信，任何事情都有好与坏两个方面，事情这一方面的危机，也许就是另一方面的契机；或这件事情上的危机，很可能正是另一件事情上的契机。关键在于我们如何看待问题、如何看待危机。

南宋绍兴十年七月的一天，杭州城最繁华的街市失火，火势迅猛蔓延，数以万计的房屋商铺置于汪洋火海之中，顷刻之间化为废墟。有一位裴姓富商，苦心经营了大半生的几间当铺和珠宝店，也恰在那条闹市中。火势越来越猛，他大半辈子的心血眼看将毁于一旦，但是他并没有让伙计和奴仆冲进火海，舍命抢救珠宝财物，而是不慌不忙地指挥他们迅速撤离，一副听天由命的神态，这令众人大惑不解。

之后他不动声色地派人从长江沿岸平价购回大量木材、毛竹、砖瓦、石灰等建筑用材。当这些材料像小山一样堆起来的时候，他又归于沉寂，整天品茶饮酒，逍遥自在，好像失火压根儿与他毫无关系。

大火烧了数十日之后被扑灭了，曾经车水马龙的杭州，大半个城已是墙倒房塌，一片狼藉。不几日朝廷颁旨：重建杭州城，凡经营销售建筑用材者一律免税。于是杭州城内一时大兴土木，建筑用材供不应求，价格陡涨。裴姓商人趁机抛售建材，获利巨大，其数额远远大于被火灾焚毁的财产。

这是一个久远的特例，然而其中蕴含的经营智慧却亘古不变。它告诉我们，面对危机的时候，不要自我放弃，更不要抱怨连连，而是应该乐观地看待问题。只要能够沉着冷静地想对策，说不定能够巧妙地化解危机，迎来事情的转机，甚至寻找到重新洗牌的良机。

所以，钢铁大王卡内基曾说："任何人都不是与成功无缘，只是大部分人无法自己去创造机会而已。"我们不仅要善于应对危机，化险为夷，还应该懂得如何与危机对话，如此才能在危机中寻求商机，趁"危"夺"机"。

事实上，古今中外把危机变成商机的聪明人不在少数。当然，把危机转化为商机，并不是单纯地靠运气、靠被动等待坏事变好，而是需要我们从危机中发现问题，调动自身的敏锐思维。只有跳出原有思维的限制，从另一个角度思考问题，才可能让危机成为大好良机。

一家饭馆如果遭到顾客的恶评，那无疑将面临倒闭的危机。可是一个年轻人竟然能够化解危机，同时从中发现良机，这不得不让人佩服。

这个年轻人开了一家名叫"好美味"的小吃店，不过，因为名气不够大，竞争又很激烈，所以经营很惨淡。有一次，一位顾客刚刚吃了一口菜，就开口大骂道："这算什么好美味呢，纯粹是'怪难吃'。"

顾客的恶评，让年轻人一愣，原来，那天他因为买卖不好，情绪不高，不小心放错了调料，使这道香脆鸡柳的味道有些怪异。见状，他急忙向顾客赔不是，但客人却咄咄逼人："好美味是假，怪难吃才是真！你的鸡柳做得这么难吃，还好意思开饭店？"

年轻人好说歹说，并且免了单，这位顾客才不甘心地离开。更令人难堪的是，第二天，那人竟用毛笔在他的店门旁写下了"怪难吃"三个大字。本来生意就不好，这么一闹这饭店还怎么开？年轻人气得一句话也说不出来，眼泪险些落下。

可过了一会儿，年轻人灵机一动，心想："不如我干脆将店名改成'怪难吃'，说不定还能收到意想不到的效果呢！反正现在小吃店的生意也不好，早晚要关门大吉，就当是赌一次吧！"

令人意外的是，自从饭店改名"怪难吃"之后，生意竟然慢慢地红火起来。很多顾客真的是冲着这个奇怪的店名来的，他们都想知道这饭店的菜到底有多难吃，为什么要叫这个名字。吃过之后，顾客们对饭菜的口味很满意，于是一传十，十传百，这个饭店竟然出了名。

所以，危机并不可怕，可怕的是人们对待它的态度。既然危机已经到来，我们不管是痛心、抱怨、绝望都无济于事，既然这样，为什么我们不振作精神、认真思考，从危机中寻找转机呢？

谁也无法保证自己的人生只有好事和良机，只有懂得如何将坏事变成好事，懂得如何在危机中寻找良机，才是一个人能否获得成功和财富的关键。

风险和机遇是并存的

这个世界上,没有任何事没有一点风险。你想要获得更大的收益,就需要有敢于冒险的精神。就好像只有勇于登上险峰的人,才能看到无限美丽的风光一样。

在追求财富的道路上,风险永远存在,风浪迟早会到来,可是机遇却是稍纵即逝。在这个过程中,只要你有一丝胆怯和犹豫,那么机会就会从你的指尖悄悄溜走。如果你不能克服对风浪的恐惧,那么你永远也抓不住机会,只能在别人成功时捶胸顿足。

事实上,生活中这样的人并不少,他们不敢冒险,害怕风浪,错过了一次又一次大好机遇。当看到别人成功时,他们不无感慨地说:"那个机会是我先看到的,可是我没敢抓住!"当他们贫困潦倒地度过一生时,只能后悔地说:"我本来可以成为亿万富翁的,可总是在关键时刻少了那一份勇气……"

我们在新闻报纸上看到的那些亿万富翁,他们有的年轻时也经历过贫苦,做过帮工、捡过破烂、洗过盘子。他们之所以能站在财富最顶端,就是因为有别人没有的眼光、胆量和魄力。在创业和投资的过程中,他们敢想、敢做、敢闯,敢于在风浪中承担风险。只要值得,他们就敢于冒险,在风险中乘风破浪。年轻时期的摩根就是如此。

当年,摩根从德国哥廷根大学毕业后,来到邓肯商行任职。摩根特有的素质与生活的磨炼,使他在邓肯商行干得相当出色。但他过人的胆识与冒险精神,却经常害得总裁邓肯心惊肉跳。

有一次，在摩根从巴黎到纽约的商业旅行途中，一个陌生人敲开了他的舱门："听说，您是专搞商品批发的，是吗？"

"是啊，有什么事情？"摩根感觉到对方焦急的心情。

"啊！先生，我有件事有求于您，我有一船咖啡需要立刻处理掉。这些咖啡本来是一个咖啡商的，现在他破产了，无法偿付欠我的钱，便把这船咖啡做抵押。可我不懂这方面的业务，您是否可以买下这船咖啡，很便宜，只是别人价格的一半。"

"你很着急吗？"摩根盯住来人。

"很急，否则这样的咖啡怎么这么便宜？"说着，那人拿出咖啡的样品。

"我买下了。"摩根瞥了一眼样品答道。

"摩根先生，您太年轻了，谁能保证这一船咖啡的质量与样品一样呢？"他的同伴见摩根轻率地买下这船还没亲眼见到质量的咖啡，在一旁提醒道。

"我知道，但这次我是不会上当的，我们应该践约，以免这批咖啡落入他人之手。"摩根对自己的眼力非常自信。

当邓肯得知这个消息，不禁吓出一身冷汗。

"这个浑蛋，这不是拿邓肯公司开玩笑吗？去，去，把交易给我退掉，损失你自己赔偿！"邓肯严厉无情地冲摩根吼道。

面对粗暴不听解释的邓肯，摩根决心赌一赌。他写信给父亲，请求父亲助他一臂之力。在父亲的资助下，摩根还了邓肯公司的咖啡款，并在那个请求他买下咖啡的人的介绍下，他又买下了许多船咖啡。最终，摩根胜利了。在摩根买下这批咖啡不久，巴西咖啡遭到霜灾，大幅减产，咖啡价格上涨了两三倍，摩根赚取了一大笔财富。

与邓肯公司分道扬镳后，在父亲的资助下，摩根在华尔街独创了一家商行。而在之后的投资中，摩根始终秉持着敢于冒险的精神，只要看到商机便勇往直前。恰是如此，摩根最终成为华尔街乃至全世界最出色的金融家，成就了不凡的事业。

摩根的这个故事告诉我们：在财富这条路上，风险和机遇是并存的。别人不敢，你敢，那么你就能走对路，获取财富。所以，我们不要惧怕风险，只要你觉得自己是对的，觉得商机是对的，就应该勇敢前行，乘风破浪。

当然，我们还需要明白一点，冒险并不是蛮干、傻干、鲁莽行事，而是在看准目标、稳住方向的前提下大胆尝试。如果你的冒险只是头脑发热、好大喜功，那么就会败得很惨；如果你一味求快、求高，没有稳住方向，那么只能无功而返。

有了勇气，再加上理智、眼光、行动，我们才能真正赢得成功和财富！

第七章 思考所至，花生路满

人生是一场旅途，每个人都在不断前行，
不断探索和思考。
然而，有些人生之事却令人困惑，
令人不知所措。
对人生之事的思考是一件十分重要的事情。
我们需要不断地思考我们的目的、价值观和选择，
以便我们能够更好地理解人生，
更好地应对人生的各种挑战。

时刻清楚自己的目标在哪里

成功需要努力奋斗，但比这更关键的是一个人需要清楚自己想要什么。知道自己需要什么，努力去实现这种需要，找到自己的目标，一个人才能永远保持一颗奋斗的心，才不会迷失方向。只有不断满足自己需要的人，才有实现目标的勇气。

同时，成功者之所以能够取得成功，并不仅仅是有个目标，更重要的是他们明白该用什么来为实现目标而服务。道理很简单，他们清楚，追求成功是一个漫长的过程。

我们都知道，温州人擅长赚钱，在他们的观念里，赚钱是光荣的。他们知道，既然自己需要钱，就要努力去赚取；既然自己想要得到它，就要为之付出努力。

一位成功的温州商人就曾经说："我能够走到今天首先是明白赚钱对于实现自己理想的重要性。年轻的时候我只想赚钱，可是发现到达一定程度后自己很难突破。我明白，自己没有什么学历，只有通过不断努力学习，才能渐渐缩短梦想与现实的距离。"所以，他边学习边赚钱。而且学习不是为了向别人炫耀自己有学问，而是为了实现自己最终的目标。

成功者有时候会"借鸡下蛋"，但是他们永远清楚自己的目标，不会因为任何原因迷失自己的方向。B凉茶的发展就体现了这一点。

温州地处南方，人们都喜欢喝凉茶，当然，前提是他们认可这个品牌，毫不夸张地说，W凉茶就是温州人喝出名的，是温州人喜欢喝W凉茶到疯狂吗？显然不是，主要是他们在跟W凉茶学习，准备创办出另一品牌凉茶——B凉茶。

W凉茶是中国的品牌，如果B凉茶不管三七二十一去跟它碰撞，结果只能是血本无归。B凉茶深知这一点，如果避重就轻，先依附于W凉茶，再谋出路，未尝不是一个两全其美的办法。B凉茶想让W凉茶做B凉茶的嫁衣，然后从W凉茶的身上蜕蛹化蝶。于是，他们用自己的头脑、自己的思维，开始了依附于W凉茶的征程。

如果B凉茶去和W凉茶抢市场，无疑是以卵击石。B凉茶根据温州当地人的特点，在凉茶里面加入了蜂蜜，蜂蜜可以滋润养颜，于是B凉茶强调清润养颜的功效，这一举措，很受温州消费者的欢迎。

更为有趣的是，人们常常把B凉茶称作W凉茶的"弟弟"。当然，这也是有据可依的。凉茶一直是广东和广西的优势饮品，B凉茶无论从口感还是价位上，都与之有一段距离。虽然B凉茶也大打喜庆牌，外包装也是红色的，有去火的功效。

B凉茶公司深知在全国与W凉茶抢市场必然失败，他们也毫不避讳地说，W凉茶在温州市场卖得很旺。在这样的基础上，B凉茶公司利用W凉茶做"嫁衣"，开始在温州推销B凉茶，温州地区是B凉茶销售的重点区域，B凉茶公司通过温州当地报纸、电视、广播等媒体，开始了向温州市场进军的步伐。

在进军的同时，B凉茶还采取促销活动，比如揭盖有奖活动，大奖包括笔记本电脑、手机、MP3等，小奖是非常实惠的"再来一瓶"。就这样，B凉茶打开了温州的市场，被温州当地人所接受，但B凉茶并没有满足，继续把市场扩大到整个浙江省。慢慢地，B凉茶与W凉茶区分开来，打造出具有自己特色的品牌，逐渐渗透到上海、北京等市场，最后，辐射全中国，进军海外市场。

B凉茶对自己想要的非常清楚，所以B凉茶刚开始向W凉茶靠拢，赢得消费者的认可和青睐，然后甩开W凉茶的束缚，实现品牌的差异化，做出自己的特色。就是因为B凉茶知道自己需要什么，所以就算依附于W凉茶，仍然在不断完善自我,不断为自己添加新的生命力,朝着自己的目标而努力。

  所以,不管任何时候都必须清楚自己的目标,弄明白自己到底想要什么,到底为了什么而努力。不管什么时候始终清楚地知道自己想要什么,我们才不会随波逐流,甚至迷失自己。

既要豪情万丈，更要脚踏实地

有人说，我们需要仰望星空，但是也要脚踏实地。这句话很正确，任何伟大的事业都是从小事做起，任何远大的梦想和目标都必须从现实出发。我们可以树立高远的梦想，可以豪情万丈，但是不能把梦想建立在乌托邦之上。

现实生活中，很多人眼光非常长远，梦想也非常高远，想法往往比别人更新奇。可是目标太高，脱离了现阶段的实际，便是高不可攀；想法太超前，没有好好地落地，便是不切实际。于是，在行动的过程中，他们的想法行不通，前行的道路阻碍重重。他们感觉越来越力不从心、越来越寸步难行，最后只能以失败的结局收场。

我们知道，马云、李彦宏、张朝阳等人都是中国互联网发展的引领者和先驱者，他们把互联网引入中国，带动了国内互联网的繁荣。但是，在他们之前，还有一个人比任何人都先接触互联网，这个人就是张树新。

1995年5月，张树新创建了瀛海威，这是中国第一家互联网公司，被人称为"中国互联网的先烈"。

当人们还不清楚什么是信息高速公路，她就已经将一块亮眼的广告牌矗立在中关村；当人们还普遍对互联网极其陌生时，她就设计了一个五脏俱全的互联网世界。她将"邮局""论坛""咖啡厅""游戏城"等多种服务放置进公司的网上客户端，试图建造出一个完美的互联网世界。

张树新的理念非常超前，她曾经做了一个名为"新闻夜总汇"的项目，那个时候，搜狐、网易、新浪连影子都没有。她甚至试图让她的互联网公司发展电子购物项目，并发行了中国最早的虚拟货币"信用点"，而那个时候，阿里巴巴还没有出现。

对于很多互联网创业者来说，当时的张树新就是他们的偶像，就是他们学习的榜样。但是，瀛海威失败了，张树新彻底从互联网世界消失。

这究竟是为什么呢？

这是因为张树新太理想化了。没错，互联网具有众多优势，可以把论坛、新闻、游戏、购物等融合在一起，但是当时国内互联网才刚起步，人们还不了解它，更不容易接受它。想要把所有这一切融合在一起，试图打造一个成熟完美的互联网世界，可以说是不太现实的。

任何事物都应该一步步发展，都应该符合当时的形势、适应当时的环境。若不是如此，就可能失去存在、发展的空间。就好像天空中的浮云一般，虽然美丽却让人触不可及。实现远大的梦想也是如此，我们虽然豪情万丈，虽然目光长远，但是也不能不接地气，更不能脱离了现实。

张树新在失败之后曾坦言："瀛海威之所以失败，大概就是因为它太'新'了！"没错，这个梦想非常远大，眼光也具有前瞻性，但是这个梦想也太不接地气了，所以失败是必然的。

我们可以是梦想家，可以树立远大的目标，但是即便是再伟大的梦想也要落地，即便是再远大的目标也要一步步地去实现，并且不能脱离现实。其实，梦想是有分化的。有一部分能实现的，叫理想，属良性。另外一部分则是空想甚至是幻想，它老挂在天上飘着、不接地气，终会幻灭。

我们的梦想，不应该是高高飘浮在空中的浮云，而应该是放起的风筝。我们可以把它放得很高，但是不能使它脱离自己的掌控。有时，我们需要把梦想拉回现实，让它接地气，让它具有踏踏实实的烟火感。如此一来，梦想才不会成为空想，我们才不会以失败告终。

面对目标，思索最有效的方法

行动力，本是一个人身上最可贵的品质，但如果在还未确定目标的情况下就横冲直撞，无疑，结果往往是事事落空。即使事情能做成，也要付出极多的时间和精力。

任何一件事情，都不是你耗费体力、耗费时间去做就能成功的，而是需要你带着大脑去做。只有紧盯着目标，通过合理的思考、智慧的分析，找到最合适的途径、最佳的办法，我们才能又好又快地完成目标。

所以，做事时不能仅凭匹夫之勇苦干硬干，而是应该遵循以下思维模式，思考以下问题：

事情的实质是什么？

事情的核心或重点在哪里？

现在的主要成因是什么？

为解决此事，我能做什么？

哪个方案很有可能帮我达成目标？

…………

事实上，凡是能取得卓越成就的人都是善于思考者，他们有头脑、有智慧，更讲究方法。贝索斯便是如此：

当亚马逊在美国取得巨大成功之后，贝索斯便计划扩大市场，进军全球市场。之后，亚马逊先后在英国、法国、日本等多个国家上线，可是在进军中国时却遇到了麻烦。亚马逊开展了全面的宣传攻势，也进行了降价促销等活动，但是效果不是很理想，中国的消费者对亚马逊并不感兴趣。

这是怎么回事？

原来，大多数中国消费者英语水平有限，在亚马逊购物时经常面临语言不通、交流不畅等问题。于是，贝索斯想，不如把这些商品主动放到中国市场上，将网站翻译成中文界面，解决消费者的语言沟通问题。2014年，亚马逊在中国推出"海外购"，渐渐地，越来越多的中国消费者开始通过"海外购"下单。

尽管如此，"海外购"的业务仍未达到预期，中国网民更愿意在国内知名电商平台下单。到底是什么原因呢？价格？还是质量问题？亚马逊内部人员为此议论纷纷，经过一番调查后，他们发现原来美国电商服务普通网购至少要6~14天才能收到货，"海外购"这种跨国业务的期限更长。但中国并不一样，在顺丰以及圆通等快递普遍高效下，普通网购2~3天就能收到货，有些电商公司甚至制定了隔天到达的服务标准。

明白问题所在之后，亚马逊推出了快速交易体系，中国消费者在"海外购"下订单后，订单同时在美国生成，计算机系统会自动将订单分配到最合适的运营中心处理，然后通过空运将物品送达亚马逊在中国的运营中心，保证在5~9个工作日内将物品送到消费者手上。无论是市场，还是配送，亚马逊都有了保证。于是，中国消费者开始慢慢地接受亚马逊，说到海外代购就会想起亚马逊。

可一个问题解决了，其他问题接踵而来。随着竞争越来越激烈，亚马逊的海外代购再一次受到挑战。怎么解决这一问题呢？和竞争对手展开价格战，无疑会两败俱伤。贝索斯思索一番之后，建议把用户群体转向那些不太富裕的低收入购物者。

一直以来，亚马逊号称涵盖了千万国际品牌好货，针对的用户群体是高收入的购物者，但随着越来越多的普通老百姓开始网购，贝索斯认为用户群体也不能一味一成不变。现在，"海外购"提供逾10万国际品牌，种类齐全，价格不等，消费者可以依据自己的喜好挑选，拥有更大的自由度和选择空间，于是"海外购"渐渐地成为诸多中国消费者的选择。

亚马逊之所以能成功进军中国市场，就是因为它始终紧盯着目标，遇到问题时，不断思索最有效的方法，而不是盲目蛮干。做任何事情都是如此，没有确定目标或是没有找到最佳办法就盲目行动，往往不如思考之后的效果好。这就是为什么很多人明明事情做得不少，却搞得乱七八糟，明明每天卖力地干活，可是效果并不高。

管理大师彼得·德鲁克在其《有效的主管》一书中说道："效率和效能不应偏废，我们当然希望同时提高效率和效能，但在效率与效能无法兼得时，我们首先应着眼于效能，然后设法提高效率。"

这里的效率是"以正确的方式做事"，而效能是"做正确的事"。做正确的事是前提，前提对了，成功才能随之而来。

你的思考与眼界决定你的未来

一个人的眼界决定着他的未来。只有看得远，能够判断未来发展趋势，我们才能走得远。因为能看得远，所以看得到未来的路，能认准自己努力的方向。只要朝着这个方向努力前行，便会实现目标，赢得成功。

就像我们钓鱼一样，不能看到鱼再下钩，而是根据经验判断鱼在哪里，提前挥动渔竿、抛出钓线，等待鱼儿上钩，如此才能有所收获。

中国台湾营销趋势专家林宗伯如此说："'知道趋势'和'掌握趋势'不同。因为趋势就像一个巨人，在他脚下的小人们，虽然知道趋势来了，但只会眼睁睁地看着巨人走动并感到危机重重、忧心忡忡；但骑在巨人肩上的小人们，却毫不费劲地掌握了正确的方向，轻松迈步向前。知道趋势的人不一定能致富；但掌握趋势的人一定能拥有财富。"

我们需要培养前瞻性的眼光以及非凡的眼界，只有如此才能看到别人看不到的商机，准确地判断未来的趋势。那些聪明的人都是如此，他们能够根据当下的情况，看清市场的发展趋势，预知未来的发展前景。所以，他们往往走在他人和时代的前头，能够轻轻松松赚到大钱。

可是有些人就不一样了，他们只注重眼前的利益，只关注当前的所谓"流行"。因为缺乏前瞻性，他们无法判断未来趋势，总是追赶着别人的脚步，结果只能被远远地抛在后面。

就连IBM的缔造者托马斯·沃森都不能幸免。

在第二次世界大战后，沃森任命自己的长子小沃森为IBM的执行副总裁助理。在当时的市场下，正是"打孔卡计数器"和"电子计算机"这两种电子产品新旧并存的时代。小沃森敏锐地意识到，电脑的市场前景是向小型的电脑、运算更加精确、价格大众化的趋势发展，他认为当前存在的这种粗大笨重型、运算不精确且价格昂贵的电子产品迟早会遭到淘汰，要提前认识这点。

他及时向老沃森提出建议：要迅速投入大量人力、物力来进行电脑的研究工作，将生产和销售电脑作为公司未来的发展战略。但是老沃森看到的是当前依旧热销的市场，觉得打孔卡计数器及打字机制表机等主导产品不会与市场脱节，没必要对电脑市场进行大量的投入和研发。因此，IBM没有立即实施小沃森提出的战略规划。

随着科技的不断进步、市场的千变万化，老沃森这时候才逐渐接受了小沃森的建议，但这时候行动已经赶不上市场的变化，且行动缓慢，投入也不是太多，因而收效并不大。

而与此同时，市场中的其他公司在电脑领域飞速进步。到了20世纪50年代初期，IBM的主要竞争对手兰德公司已经荣耀地确立了在电脑产业中的领先地位，而此时的IBM只处于中等水平。这时候的老沃森才得知自己的主导产品全面滞销的噩耗，而刚好打败IBM打孔卡计数器的，正是当年没有耗资投入的电脑。

老沃森又气又悔，马上让小沃森出任公司的执行副总裁，实施他的战略规划。小沃森经过9年的不懈努力，才为IBM获得了巨大的收益，也为IBM成为电脑巨霸打下了坚实的基础。

老沃森也是在商场上摸爬滚打多年的聪明人，但是眼界和思维的局限，让他失去了对未来趋势的准确判断，从而失去了抢占市场的大好机会。就是这个决定，让IBM面临着被市场淘汰的危机，之后经过小沃森9年的努力才得以挽回局面。试想，若是老沃森当年立即同意小沃森的计划，那结局会怎样呢？IBM的成绩或许比现在更辉煌吧！可这一切只是假设而已。

在这个高速发展的社会，不论你从事什么行业，卖什么样的产品，只要想得到长足发展就必须有高远的目光和前瞻性，掌握或者摸索到市场发展的变化规律，否则就只能被市场淘汰。

如果你认为成功是靠运气，这只是你的目光短浅。那些成功人士并不是靠着运气好，才碰到了发大财的机会。而是因为在面对选择时，他们看到的不是眼前的利益，而是看它是否能在未来带给自己更长远的发展；在面对商机时，他们看到的不是现在的得失，而是潜藏在未来的财富。

正如俗语所说"有人思来年，有人思眼前"。虽然未来具有不确定性和风险性，但是只要你有敏锐的眼光，能够准确地判断趋势，就可以把未来看得更清晰，就可以赢得更多的良机。

统一企业在成立的第一个十年，只是一间以制造导向为主的企业，这就意味着产品做好了就一定得卖掉。但是随着市场的不断变化，统一从第二个十年开始，就遇到了难题，因为董事长高清愿逐渐发现，并不一定产品好就代表着一定能卖得掉。

1979年，高清愿到欧洲考察时，听到一个法国企业家说："未来的50年里，谁能掌握产业的通路，谁就是最后的赢家。"这时候高清愿才恍然大悟，不仅要有好的产品，还要有好的销售渠道，才能将自己的产品送到顾客的手里，于是高清愿开始走进流通行业。

这段话让他当机立断，他来年便引进便利超市体系，身兼制造商与通路。即使一开始就面对连续六年的亏损窘境，但他懂得掌握市场的发展趋势，所以让现在的统一成了我们日常生活中离不开的好帮手，也赢得了中国台湾零售业第一的地位。

钓鱼的过程中，如果我们不能准确判断哪里有鱼，及时抛出鱼钩，就可能空手而归。如果你盯着眼前看到的小鱼，就可能错过潜藏在水里的大鱼。赚钱也是这样的道理，如果你不能准确判断市场的发展趋势，那么就可能错过大好机会；如果你一直幻想着以当前的状态去获得丰厚的报酬，那就可能得不偿失。

这个世界是不断变化的，把眼光放得长远些，朝着未来看一看，自然就会走得更远。

清醒之外，自身真实的价值标签

生活中，我们时常看到这样的人，他们热衷于交际，朋友"遍布天下"，每天与这些朋友吃饭、喝酒，或一起参加某个聚会。他们游走于各个场合之间，与人谈笑风生，好像风光无限。

可事实上，那些所谓的"人脉"不过是"浮云"，那些所谓风光不过是幻影。当他们真正需要帮助的时候，那些所谓的朋友全部消失不见了。为什么会如此？因为对于那些人来说，这样的人根本没有实在价值，只不过是个吃喝玩乐、夸夸其谈的"酒肉朋友"罢了。如此一来，人们怎么会真心对待他，又怎么会愿意帮助他？

我们说，一个人是否成功、是否赢得他人的信任和青睐，不在于表面，而在于他个人真正的身价和价值。在现实生活中，每个人都有属于自己的价值标签，这些标签决定了你的形象，代表了身边人对你的看法。换句话说，你具有什么价值，你在别人心中就是什么地位，就会受到什么样的对待。

所以，我们应该努力提升个人价值，除去最基本的为人处世等方面，我们还应该提升自己的诚信度、亲和力、真诚度，增强合作意识。有了这些最重要的价值标签，你的影响力才能越来越大。在生意场上，我们应该不断提升企业的竞争力、团队凝聚力，扩大项目规模等等。如此一来，客户才更愿意选择你，生意伙伴才更愿意信任你。

我国台湾著名的企业家、台塑集团创始人王永庆被誉为台湾的"经营之神"，他于1954年筹资创办台塑公司，历时三年建成投产。随后企业发展蒸蒸日上，发展至今日，台塑公司在世界化学工业界居"50强"之列，是中国台湾唯一进入"世界企业50强"的王牌企业。王永庆的身家不可谓不高，我们不妨来看看这位出身贫困的"经营大王"是如何一步一步经营自己的身家的。

王家祖籍在福建安溪，几代人都以种茶为生。在王永庆9岁那一年，父亲因患病只能卧床休养，为了生活，王永庆与母亲一起挑起了生活的重担。15岁那一年，王永庆小学毕业后辗转到台湾南部的一家米店做了学徒。经过一年的学习打拼，王永庆大致摸清楚了米店的经营方式，他做出了一个重大的决定：自己创业开米店。拿着借来的200元钱，王永庆虽然顺利开起了米店，但生意始终没有起色。

经过考察分析，王永庆发现：一是因为在王永庆米店隔壁，有一家规模非常大的日本米店，相比而言自己不具备任何竞争优势；二是因为早在王永庆开米店之前，城里就已经有好几家老字号米店了，这些米店多年的口碑自己一时无法打破。总结起来就是：自己的米店在消费者眼里价值远比不上隔壁以及其他的老字号米店，那么，如何改变大众心目中给自己打上的这个价值标签呢？

经过思考之后，王永庆决定另辟蹊径，树立自己的优势。他开始挨家挨户地上门推销大米，并免费给顾客掏陈米、洗米缸，为顾客提供别的米店所没有的附加服务。为了体现出自己米店独有的价值，王永庆发动两个弟弟和自己一起把大米中的米糠、沙粒和石子等杂物一点点拣出来，然后才上架售卖。一段时间之后，城里几乎所有主妇之间都传遍了王永庆店里卖的大米质量好、杂质少，一时之间，王永庆的米店生意红火了起来。

此后，王永庆针对老弱妇孺买米时搬运不便的情形，实行"送货上门"服务，把大米扛到顾客家中后，还帮他们清洗米缸、掏出陈米，再把新米倒进去，完全实现了"一条龙"式的服务。除此之外，王永庆还细心地记下每个顾客家中米缸的容量，并问清楚每天大约消耗多少大米，据此估算出这户人家下次买米的时间。这样，每当顾客家中的大米快吃完时，王永庆就主动把大米给送来了。这一方面省去了顾客的麻烦，另一方面其实也变相地"掐断"了顾客去别的米店进行消费的去路。

凭借着精细、务实的服务，王永庆的米店生意愈加红火起来，得到了大众的认可，把原来隔壁的日本米店和其他老字号米店远远地抛在了身后。经过一年多资金和人脉的积累，王永庆创办了自己的碾米厂。正是这小小的米店生意，开启了王永庆的创业传奇，为他日后问鼎台湾首富打下了第一道基础。

对于王永庆来说，他普通而细致的服务就是他最为独特的价值标签，也是他区别于其他人的优势和资本。这一价值标签，让王永庆得到了大家的认可，更让他赢得了源源不断的机会。所以，他那个不起眼的小店越来越红火、壮大，成为超越其他老字号米店的佼佼者。

事实证明，像王永庆这样能够经营好个人的"价值标签"的人都赢得了巨大的成功，而那些只注重表面，不重视自身"价值标签"的人，往往会得到惨痛的失败教训。然而，很多时候人们会因为种种表象而看不清自身真实的价值标签，人们自认为认识的朋友多就是成功，认为别人围着自己转就是影响力大。那些夸夸其谈的人是如此，那些挥霍信用的人也是如此。

所以，不管什么时候我们都应该注重个人价值的打造，认清个人价值并非指的是表面风光，而是实打实的信任；认清只有通过增加自身的价值砝码，才能拓宽自己的财路的现实。当你提升个人的价值时，自然就可以轻易赢得别人的信任，自然就比别人更容易获得成功。

聪明人要关注价值的提升

价值决定价格，这是经济学最基本的理论。可生活中很多人明明懂得这个道理，却做出与之相悖的事情。他们往往更关心某件东西的价格，而忽视了其价值。

比如，购物的时候，他们总是小心翼翼地反复对比价格，选择相对便宜的那件东西。殊不知，大多时候价格相对贵一些的东西价值更高，实用性、耐用性、舒适度都远远高于便宜货。

再比如，投资的时候，很多人会追求保底、稳妥、保障，把存下来的积蓄小心翼翼地放到银行，然后自己继续为了养家糊口而奔波劳碌。事实上，这些钱存到银行可能并不会增值太多，还可能贬值。若是把它们用来投资，也许可以创造更多的价值。

这就是一般人和特别之人之间的区别。一般人只关注价格，不懂得让钱发挥它应有的价值；一味地"节流"，结果随着手中钱财的贬值而变得越来越贫穷。他们把大把时间用在货比三家"省小钱"上，却不知道把钱花在刀口上；他们看到清仓大甩卖大降价就蠢蠢欲动，却没有考虑买到的东西是否有价值、真正实用。

不妨看看下面的例子：

小鹿和小叶在同一家公司上班，但职位不一样，小鹿是项目经理、公司合伙人，而小叶只是一名基层员工。小鹿从工作开始就关注投资，用自己的业余时间来搞投资，很快就赚了第一笔钱。之后他把这些钱用来入股公司，现在每天上班谈笑风生，打几个电话、开几个小会就赚得盆满钵满。

而小叶是小鹿的同期员工，他现在每天忙得天昏地暗，为了生活奔波和忙碌。这是因为他与小鹿的思维恰好相反，为了安全起见，他把每个月的工资都存入银行，自己只留1000元零花钱。为了省钱，他只关注那些便宜的商品，就连买卫生纸都要货比三家。当初小鹿也劝他和自己一起投资，可是他却担心风险大……

看到了吧，一般人为什么是一般人？不是因为没有钱投资，而是过于在意价格而忽视价值。他们只看得到手里的钱，只懂得小心翼翼地将它抓在手里，不懂得也不敢让它升值。就是因为如此，他们缺乏胆量和眼光，也错失了无数大好机会。而特别之人就不一样，他们更在意的是事物的价值而非价格。他们从来不会小心翼翼地把钱藏起来，而是更愿意让它进入市场，变成资本，从而拓宽财路。

所以，我们应该学习特别之人的思维，培养良好的金钱观念，如此我们才能把钱看淡，灵活地将它们调动起来，让它们发挥自己应有的价值。同时，我们需要不断提升自己的赚钱能力，积极寻找赚钱的渠道，如此才能让手中的财富变得越来越多。

价值决定价格。当你把钱死死守住，舍不得动一分一毫时，这些钱实际上是没有价值的，自然也不值钱。所以，我们需要提升它的价值，发挥它最大的价值。这种理论在一个人身上同样适用。

聪明人往往不太关注价格，而是重点关注价值，因为他们知道当自己的价值升高时，价格自然会水涨船高。可一般的人恰好相反，他们只关心价格，却忽视了提升自己的价值。结果可想而知，你都不提升自我价值，又怎么能奢望提高自我"价格"？

大学生芳菲就是一个注重自我价值提升的人，平时她非常注重形象，并且乐于学习。在形象打造方面，她愿意花钱打扮自己，买漂亮的衣服，还为此时常看时尚杂志。而在自我投资方面，她也肯用心，空闲的时候她会学习新的技能，比如考驾照、学计算机，培养一些兴趣爱好，比如绘画、摄影等等。

很多同学都觉得芳菲是乱花钱，但是她不这样认为，她舍得在这些东西上投资，因为她知道这是在为自己的未来投资，是提升自我价值的关键。

在毕业之初，芳菲与其他同学站在同一条起跑线上，都是普通的大学毕业生。数年之后，芳菲成立了属于自己的公司，业务范围包括女性心理咨询、能力培训、健康指导等等。而那些同学依旧是普通的员工，每天只是埋头工作，赚钱存钱。

正是因为芳菲知道价值决定价格，所以她一直在投资自己，让自己变得更美丽动人，让自己拥有更多的技能。实际上，这些都提升了她的价值，让她渐渐与同学们拉开距离，最终站上了更高的位置。

不管是在投资上还是人生中，只懂一味"节流"的人，只会越来越穷。所以，不管什么时候，我们都不应该过分在意价格，这不是发财致富的最好方法，更不是提升人生层次的最佳途径。关注价值的提升，你的未来才能更有前景。

提升自我价值，实现人生梦想

在大多数人看来，工作的目的就是赚钱，就是让自己过上好日子。于是，他们选择工作的时候，考虑得最多的，往往是"老板给我多少薪水"；他们每天说的话是"拿多少钱，我就干多少活""想让我加班，那就给我双倍的薪水""这个任务又难又费时，我赚不到多少钱，我才不愿意参加"……

可是，一个人工作就真的只为钱吗？钱，真的是一个人选择工作的唯一条件吗？不然。对于大多数人而言，当我们工作时，通常有以下几个方面的收获：第一，这份工作薪水很高，这大概是大多数人首要考虑的问题；第二，这份工作有很好的发展或晋升空间；第三，通过这份工作，我可以学习到很多东西，提升个人能力；第四，这份工作可以让我展现自我价值，实现自己的职业理想；第五，我真的喜欢这份工作。

通常情况下，人们很难遇到完全符合自己预期的工作，也很难在一份工作中获得全部收获。因此，绝大部分人会进行思考和妥协，选择究竟最先满足哪些需求。可若是一个人只看到金钱，忽略其他四点，那么很难有所成就，也很难获得人生的幸福。

我们并不是说赚钱不重要，而是说若是一个人只顾着赚钱，做任何事情都向"钱"看齐，那么工作能给予他的最大的回报，就是优厚的待遇和薪资。如果一个人在工作时不断提升自己的个人价值和能力，追求自己的理想，那么他终有一飞冲天的一天。

唐骏被人们称为"打工皇帝"，他曾经说过这样一句话："我不是在为别人打工，我是在为自己打工，为我的财富、人生以及未来打工；打工就是为自己的人生创业，结果都是一样的，通过打工，你能获得财富、获得认同、获得经验。"

唐骏的"打工"历史很少人能企及，他曾是微软公司历史上唯一两次获得比尔·盖茨杰出奖、最高荣誉奖的员工，还获得了微软公司历史上唯一的微软中国终身荣誉总裁的称号；他曾是中国最大的互动娱乐公司盛大网络公司的总裁，并推动盛大在美国纳斯达克成功上市。

人人都羡慕他的经历，可很多人不知道，他之所以取得如此成绩并不在运气，而在于不懈地努力和不断地提升自我价值。

唐骏在微软担任总裁时，堪称微软公司认识员工最多的总裁。他能够叫出微软中国1000多名员工的姓名，他在微软供职的10年中，一共亲自面试了3000多名员工，几乎平均每天就要面试1名员工。

对于唐骏来说，是否亲自面试如此多的员工，是否记住几乎每一名员工的姓名，这些事情都不会影响他的工作收入。他做了，公司不会给他更多的回报；同样地，他不做，公司也不会因此削减他的待遇。

但是唐骏却身体力行，力求把这件事做好。因为他知道，打工就是在为自己的人生创业，自己所做的每一分每一毫的努力，都将得到相应的回报。这些回报不仅仅局限于财富，还有来自他人及社会的认同，以及宝贵的经验。而与金钱相比，后者才是最重要的。这些东西是你人生无形的财富，是你获取财富的敲门砖。

唐骏的成功不是偶然，他的辉煌也不仅仅是靠运气或天赋。在"打工"的过程中，他从来不为自己"砍价"，而是思考如何把自己的价值做大，思考如何获得认同、经验。正因如此，他赚取了属于自己的财富，也实现了自己的梦想。

所以，不管什么时候，我们都不能只为了赚钱而工作，不能为了钱而讨价还价。否则，你的人生很难获得突破性的发展，并且如果一旦离开这个特定的领域，或失去这份一直从事的工作，你将穷困潦倒，目前所得到的一切可能就此化为泡影。

生活中有很多这样的人，他们放弃一份待遇优厚、任务轻松的工作，而选择一份劳神劳力、待遇普通的工作，或是放弃能够长期、稳定发展的机会，而选择充满冒险的、不确定的未来。难道他们是和钱过不去吗？当然不是，因为他们知道后者虽然没有丰厚的报酬，却可以得到最宝贵的东西，比如经验，比如赚钱的方法，比如不一样的平台或思维。而结果，这些人绝大部分获得了成功，成为金字塔顶端令人仰望的人。

正因如此，选择工作或工作的时候，我们需要考虑一些问题——通过这份工作，我究竟能够获得什么；除了金钱，我是否满足了自己的兴趣爱好；我是否能获得更宝贵的东西，比如经验、技能、发展空间、自我价值的提升；等等。

正所谓光亮璀璨的钻石，只有经过无数次的打磨与雕琢，才能绽放夺目的光彩。一个人只有把目光放长远，着眼于提升自身价值，努力实现自我价值，才能获取别人得不到的宝藏。

每个人都要思考最好的增值是什么

问你一个问题：投资什么才是收益最高，又最值得的呢？

有人说是股票，因为股票虽然风险大，但是收益高，巴菲特之所以成为世界首富，就是因为善于投资股票；也有人说是期货，因为期货是用小钱博大钱，可以让人一夜暴富……

可这些都不是正确答案。收益最高、最值得的投资是对自己的投资。先不用说股票、期货等投资的风险巨大，就连巴菲特这样的投资大师，他每年的投资收益能达20%就不错了，而我们普通人又怎么能超越巴菲特呢？可投资自己就不一样了，如果每天投资自己一点，不断让自己进步和成长，那么几年时间下来，我们的洞察力、思维能力、判断力、眼光都将有所提升。而这些就是我们获取财富的关键。

许多人认为，有钱人忙着赚钱，怎么会有时间学习呢？其实，有钱人更加懂得如何投资，他们知道只有不断学习，才能赚取更多的财富。因为他们知道，在奋斗之前，先投资自己，才能达到事半功倍的效果。

有一个年轻人，因为家里条件有限，所以高中念完他就跟着大家在离家不远的一个罐头厂里上班。虽然他只是普通工人，可他不甘落后，暗中发誓：以后一定要做一个有钱人。年轻人在罐头厂里工作了两年后，选择南下海南淘金。

年轻人发现，城市里的高楼大厦建得越来越多，需要装修的人也越来越多，于是，他萌发了做装修生意的念头。但由于没经验，又缺乏资金，他决定先去装修公司打工学习，同时可积攒一些资金。后来通过不断打拼，他赚到了第一个二十万，为以后的发展奠定了基础。接着他远赴长春创办了自己的企业，挣到了第二个二十万。

几年的创业，年轻人赚了不少钱，但他总觉得好像少了点什么。终于在一桩失败的生意上，他找到了答案，那就是自己的文化水平不够，导致在与他人竞争的过程中，有好几次生意都被别人抢走。由于文化水平较低，甚至有的大企业还看不起他这样的人，所以他吃了不少的哑巴亏。

找到答案后，年轻人开始注重学习，通过自学、自费去高校来提高自己的文化水平。同时，他还做起了文化生意，主动与文化人打交道。对此，年轻人毫不讳言："我很喜欢与学校、与老师和学生打交道，与其他场合的生意人相比，这里的人多数和我一样，很真诚。而且，经常和他们在一起，我能学到很多东西，尤其是做人的道理。在我看来，这份学费交得很值！"

这个年轻人，就是内蒙古企业家韩平。现在，韩平的事业已经越做越大，不过他始终把这句话挂在嘴边："没文化挣钱要付出别人双倍的努力，所以我们要不断学习，充实自己，这样才不至于被社会淘汰，才能去完成自己的所有梦想。"

所以，不要以为投资赚钱是商人最应该做的，若是不投资自己、提升自己，那么我们只能被时代抛弃，远远落在他人后面。对于每一个渴望财富的人来说，学会恰当地投资自我永远是一门"必修课"。

可惜的是，现在很多人一心想着赚钱，忽视了投资自我。殊不知只有投资自我在任何时候都不会贬值，它还督促我们进步。因为已经得到的学历代表的是过去，只有学习能力才能决定将来。一旦我们放弃投资自我，就等于放弃进步，如此一来，我们就只能原地踏步，甚至倒退，这就意味着我们会被市场抛弃、淘汰，成为时代的落伍者，注定一直贫穷下去。

一般人和特别之人的区别，有机遇和能力的因素，更有思维方式的因素。一般人，虽然能够吃苦耐劳，却不愿花心思投资自己，不愿去真正了解有钱人致富的秘密。他们以过人的"毅力"与"勇气"，忍受着长期失败的痛苦，只为三餐而烦恼，一生辛劳，只为换取基本的生活所需。所以到了最后，他们只能长期做困兽之斗。

而特别之人就不一样，他们宁愿选择放弃商业投资，也要选择投资自我、提升自我。他们把学习看得比任何事情都重要，绝不会为了赚一点蝇头小利而放弃投资自己。

来看看梁庆德是怎样说的。有人请教梁庆德："一个成功者，需要什么样的品质特征呢？"

他坦言："学习。因为只有不断充实自己，才不会与市场隔绝，因为只有坚持学习才能进步，这让我们更加有能力去追求成功。"

梁庆德，只有小学文化，原本是靠羽绒制品起家，后来才转身进军微波炉行业。在这几十年里，梁庆德一直坚持投资自己——学习。他不断学习，坚持超越自我，他的员工给予了他一个亲切的称号——"交通大学"毕业生。因为梁庆德不论是在飞机上，还是在火车、汽车上，永远坚持着充实自己，只要有空，书就没有离开过他的视线。

正是他这样不断投资自己的大脑，开阔自己的视野，带动了整个企业的学习热情，让格兰仕从中国第一发展到世界第一，而他也成了世界微波炉大王。

恰如雨果说的："这辈子我们看过的书与见过的人，将决定我们的一生。"投资自己，其实本身就是一种致富之道。很多人希望找到一种马上就能致富的更容易的投资法，却忽视了自己的能力，所以他们只能越来越穷。

所以，在想着如何投资股票、期货、生意之前，先投资自己的大脑吧！大方地投资自我，你总会有展现拳脚的一天！

培养人格魅力不可或缺的一项

卡耐基曾说："一个人的成功,只有15%靠的是个人的专业技术,另外85%是靠个人的人际交往能力。"人际交往能力强的人,他本身拥有独特的人格魅力,形成一种强大的气场和吸引力,让人心甘情愿地跟随。

所以,想要实现财富梦想,我们不仅要培养专业能力、判断力、决策力,更应该培养人格魅力。因为它是一个人通往财富、成功的门票。

这一点,海尔张瑞敏的经历足以说明。我们知道张瑞敏刚开始接手海尔集团的时候,集团面临着人心涣散,随时可能被分裂的一种情况,但张瑞敏用他的个人魅力,不仅留住了所有员工,还在随后的发展中,吸引着一批又一批员工的追随。

张瑞敏知道,成功的理由万万千千,可是谁也躲不过人脉这个潜在的社会规则。如果没有足够的人格魅力,那么就无法建立良好的人脉,就更没有人愿意跟随。进一步讲,如果没有人愿意追随自己,就不可能组成一个能力强、凝聚力强的团队;没有大家一起努力打拼,那么企业就不可能得到长远的发展。

所以,张瑞敏对人们说:"企业领导者的主要任务不是去发现人才,而是去建立一个可以引出人才的机制。"

任何人单靠自己的力量是不能完成事业的。不妨仔细观察一下,我们视野之内,哪一个有能力的人不在扩展人脉,不拥有让人甘愿追随的力量?哪一个成功者不竭尽所能把那些有才之士招揽为自己的朋友?

可只想着扩展人脉是远远不够的。如果你不具有良好的人格魅力，没有足够的吸引力和气场，那么根本没有人愿意跟随你。只有你具有独特的个人魅力，才能拥有独特吸引人的力量，才能维持良好的人脉。如此一来，你的朋友就会越来越多，愿意帮助你的人也会越来越多，为你的努力添加资本，为你的成功助一臂之力。

李昌硕年届四十时，便已身家过亿，早把生意发展到了海外。在他人眼里，他是个不折不扣的成功人士。然而让人想不到的是，多年之前，李昌硕不过是个来自偏远农村的穷小子。

大学毕业后，李昌硕曾在家乡工作了一段时间，后来在一个朋友的推荐下到了上海。在上海工作期间，李昌硕通过朋友介绍认识了第一批商界朋友，里面有不少港商，他们建立了一个商会，李昌硕加入了这个商会。后来，商会的副会长因工作调动要离开上海，在离开之前，他推荐李昌硕作为自己的继任者。就这样，李昌硕成了商会的副会长，借助商会这个平台，李昌硕经常将一些认识的港商朋友聚在一起，让他们介绍一些自己的朋友，这样他就有机会认识更多的香港名人，不乏一些明星和富豪。因为经常共同活动，很多朋友成了生意上的伙伴。后来，李昌硕成为这个商会的会长，他把更多的时间和精力投入商会的经营管理当中。在商会的经营活动中，他开始收获回报。

当上海的房地产行业开始快速发展时，李昌硕在朋友的推荐下也开始投资房地产。通过房地产界的朋友，他不费任何力气就买到了多套打折的房子。几年后，在朋友的建议下，李昌硕陆续把手上房产变现，获得了可观的收益。就是这一桶金为他以后事业的发展打下了良好的基础。

据李昌硕说，他总共认识2000多个朋友，每年都见面4次以上的约有800个，经常见面和联系的达300多人。平均下来，李昌硕每天至少要与10个人见面或联系，这样的交友量非常人能及。

李昌硕积累的丰富人脉，让他在事业的发展中处处遇贵人，所以才成就了他现在的庞大事业。在谈到如何取得现在的财富和成功的时候，他说："是朋友的帮助造就了我的成功，这些朋友就是我人生中的贵人！"

以前我们总是说，朋友多了路好走；现在我们要说，朋友多了钱好赚。所以，对于那些渴望成为富翁的人来讲，应该培养独特的人格魅力，把更多的朋友吸引到自己身边。你成就的事业有多大，要看你的人格魅力有几分；你赚取的财富有多少，要看你的人脉有多牢固。

这就是为什么我们总是看到有钱人时常在聚会，办Party，相互交换着各自的名片。他们不是单纯地应酬和玩乐，而是积极地拓宽自己的人脉，希望寻找到和自己有机会合作的人。

为什么有钱人把好东西与别人分享、合作时给别人更多的利益，是因为他们懂得彼此分享才能提升自己的人格魅力，赢得他人的尊重和信任，从而赢得更多的赚钱良机。

人脉本身就是聚集人力资源，连接人与人的一道道无形却有力的桥梁。人格魅力的吸引力是无穷的，可以让你网罗一大批有志之士，可以让你赢得众多朋友。想要打开财富的大门，我们需要发挥自己独特的人格魅力，把自己的人脉资源经营好，这样才能吸引身边的人，把人脉变成钱脉。

所以，赶快行动起来，培养你的独特魅力吧！

第八章 独立思考,创造与众不同的人生

循着独立思考、追求真理的路途,
亚里士多德才是亚里士多德,
牛顿才是牛顿,爱因斯坦才是爱因斯坦。
独立思考的能力,决定了一个人能走多远。
也正因如此,人类社会的知识才有更新,
科学才有进步,文明才有发展。
当一个社会中独立思考的人越来越多时,
愚昧和野蛮自然就会远离,
文明和自由自然就会到来。

做一个人生创意者和创造者

成为创意者的重点,与其说是创造作品,不如说是创造自己的人生,创造与宇宙法则相契合的人生。

对创意者而言,自己的人生就是最珍贵的作品。

因此,成为创意者最重要的是提高自己命运的能量。我们要控制自己的命运,必须自由地操纵自己的命运。

"这要怎样才能办到呢?"如果你能提出这样的问题,表示你已经有操纵自己命运的欲望了。

这看似极其简单的道理,许多人往往领悟不到,只有有创意者才能办到。反过来说,能办到的人才能成为真正的创意者。

著名作家萧伯纳曾说:"难得有人一年会思考两三次以上,我则因一星期思考一两次而驰名世界文坛。"

人类完全能够凭借自己来改变自己的行为模式,计划自己的命运,以及靠意志而产生创新性的构想。

我们所处的社会要求我们具有创新性,面对新的问题,提出新的解决办法。不仅如此,我们内在的需求也促使我们追求创新。

著名心理学家马斯洛将人类的需要加以分类,即人有生理的需求(食物、水、性)、安全的需求(安全、秩序、稳定)、爱和归属感以及自尊的需求(自尊以及成功的感觉)、自我实现需求(创新和充分发挥自己的能力)。因此人类的创新可能有多种原因,要根据当时他们所处的特殊环境而定：在战争时期，人们为自我保护（安全的需要）而设计新武器；人们也可能因为感到寂寞而努力创新以争取别人的爱和感情；人们亦可能因为内在自我实现的驱使而努力创新。

成为你自己和成为你所能发展的自己，是人生的一大目的。人试着发挥其潜能及表现其存在，是创新方法产生的主要原因。如果环境刺激人们的创新力而且也奖赏他们的创新力，他们就会变成具有创新力的人。

设想你能创造自己或自己的生命，不论你如何创造。你可以如天马行空，没有人会告诉你如何看自己，告诉你如何打发时间，告诉你与谁交往。你所要想的就是真正的自己——你想要创造的那个人。当你揭露从未与人（甚至自己）分享的过去，或自己从不敢承认的未来之梦时，要设法去感觉内在的那股勇气。

你当然不一定得花一整天的时间做这件事，因为你每天都有必须完成的事在等你。但是，只要有空闲时间你就可以想象你是自己生命的创造者，你驾驭自己的生命，而且虽然你无法操纵发生在你身上的事，却能确实操纵自己对这些事的反应，从而影响事情的结果。

你要如何动用这股巨大的力量呢？如果你想要在人生中拥有更多的爱，就想象自己既快乐又满足，想象自己已是一个有创意的人，时时刻刻都能得到生活的创意。设想你自己很用心地过日子，不但明白自己，也注意周围的人。再设想自己的生活到处都有创意的机会——因为你能通过想象力创造生命，因为创造而去想象那充满满足与喜悦的时刻。

当你在反省自己的生活时，要充分发挥想象力，让它带你去见识一种充满创意的生活。

亚历山大·罗恩在《愉悦》一书里指出："愉悦所提供的动机和精力，有助于对生活采取一种具有创新的方式，增加对生活的享受。"愉悦引进了新的兴奋，而且使自我表达有了新的途径。你必须认识到，改变不仅是生活所需，而且其本身就是生活。

对生活的不满怨言，起自生活的一成不变。

如果排除这种一成不变的生活方式，生活自然会变得多彩多姿，令人兴奋。人本来就很保守，因此易于陷入一成不变、缺乏精彩的生活，但在心里的某个角落，我们仍会不自觉地寻求变化。而人也只有在求变时，才能发挥创意。

而"时间"就意味着变化。

最健全的变化形态，乃是"成长"。学一些东西，尝试做一些新事，目的都是使自己成长，改变自己的生活。

买一些新的东西，如新衣、新车、新笔记本，这些充满了"变化"的令人期待的东西。但如果拥有这些东西，却没有任何变化产生的话，我们就会失望。

有创造性的生活，乃是更积极地求变的过程。我们心里的某个角落，在期待令人兴奋的变化。但什么是能使你在被问及"你的每一天都有变化吗？"时，肯定且自信地回答呢？

如果你希望不断成长，你应该尝试做变化的计划。

只要积极地使你每日的生活有一点变化就好。

让一切慢慢地进行，不要被时间追赶。例如，慢慢地刮胡子，慢条斯理地洗个澡。

假如对生活的不满，起自没有任何变化的日子，那么就试着逐渐从一些微小的地方开始寻求改变，慢慢地去改变生活的习惯吧！

例如，改变"时间的习惯"，像起床的时间、就寝的时间、工作的时间等。或试着改变早上做事的时间、早上的习惯。

换一种早餐，或把早餐改成一天中最丰盛的一餐。

只是改变饮食内容，生活就会有很大的改变，为你带来更多的新鲜感。我们可针对许多事，一一尝试改变，并将它视为一种表演。

既然是表演，当然越逼真越有趣。我们可以试试看，自己到底能表演得逼真到什么地步。

这不正是发现愉悦人生的关键吗？

正因为是一种表演，所以才有变化。你将如何演出你自己的生活呢？尝试将这种表演生活化，如此你的人生将会更有趣味。

一生中的一件事与人生规划

你可以想象今天就是你在地球上生活的最后一天,设法整天都沉浸在这个即将发生的重大改变之中。你不会死,只是即将前往另一个星球,而且不知何时才能重返地球。事实上,你不太可能在短时间内回来。

虽然你听过不少故事,但是你对抵达目的地的生活毫无概念,因此你必须把今天过得好像再也看不到同样的景象,再也听不到同样的声音。你要做些什么呢?你想要见谁呢?当你准备做这样一个长途旅行之前,你有些什么想法呢?你可以留下任何东西。你即将去的地方,什么都有,因此你只要携带你认为最珍贵的东西。

你要如何度过在地球上的最后时光?你要跟谁在一起?你们一起做些什么?如果你能运用自己的想象力,描绘出自己待在这个星球的最后情况,你就能大开眼界,看到自己超越现状的各种可能情形。

设想今天是你在地球上的最后一天,但没有死之将至的恐惧——这种方式能让你专心地去想你生命中最重要的事、最令你满意的事,以及你之所以是你的各种成因。

什么可使你的这一天变得更充实呢?

你认为这样一个特殊的时刻,你做什么会让你觉得自己度过了充实的一天?

请试着创造出"使一天充实的要素"。

随着"周边事件"的不断展开,具体的行动计划也随之产生。你只要将这些行动计划安排到你每一天的时间表内就可以了，这将会成为你生活的指南。

我们发现，当我们思考人生的"时间"时，我们会用两个观点。那就是希望使自己今后的人生充实，希望使今天这一个瞬间充实的"人生充实"与"瞬间充实"的两个期望。

我们不需要太悲观，从而不断强调不知道什么时候会死这一事实，同样我们也不想为了"以后"，而"目前"过着忍耐、具有牺牲意味的生活。

我们对自己人生的计划，是以有目标，并努力切实地朝目标前进的想法为主流。

但我们必须始终且确实地掌握"人生的目的"，否则今日将会被时间的洪流所淹没。

但如果我们的看法略有改变，情况又如何呢？

人生，就是许多今日的累积。因此只要"今天过得充实"，我们的人生就无悔。

也因为这样，计划就变成思考"使今天过得充实"的行动，也就是思考对自己而言，使一天充实的要素究竟是什么。

如果这些要素明确的话，你就拥有了一个十分完美的、属于你自己的"人生计划"。

大部分人都没有活在"今天"——不是活在"从前"，就是活在"以后"。人生有许多宝贵的时光都溜走了，因为我们的心被过去和未来占满了。"活在今天"并不是非常深奥，却很少有人做到。

大多数人像昏睡似的，虚度大半光阴，很少留心周围的事物。多数人在大部分时间里是浑浑噩噩的。

你如果想成为那少数有知觉的人，就要记住把握现在，而且只有现在——你拥有的只是现在。活在现在非常重要，因为只有此时才是你真正拥有的。除了此时此刻，你别无选择。活在现在就是要承认你掌握不了过去或未来的时刻。就是现在！信不信由你，你一生只有现在。

活在现在不外乎是享有眼前的一切。有一位艺术家，他就是能够活在现在的人。他辞去了大学的教授之职，从事心灵探索，并且追求个人成长。他说没有工作的生活对他而言一点难处都没有，他只是"掌握此刻"。

"掌握此刻"对于享受创意的人生是很重要的，创意品质的优劣要看你能不能完全投入活动，只有如此，你才会从所做的事当中得到充分的快意与满足。不管你正在下棋还是和朋友说话，或是观看落日，"掌握此刻"是最美好的生活，将创意投注于现在，会产生一种明快亲切的感觉，并且感到与世界之间的真正和谐。

大部分人很少处于眼前的时刻，这很不幸，因为他们错失了生活的许多机会。注意此刻，我们每一个人都做得到，并且可以从中得到好处。不论工作或休闲，创意过程中非常重要的一环就是活在现在，专注于手中的事情。

要"掌握此刻"，你首先必须学会一次只做一件事，而不要同时做两件事或三件事。手里做着一件事，心里又想着另外一件事，这是矛盾的。你如果想着别的事情，就不能放手做你所选择的事。我们在成功的途中遇到的问题之一，就是选定某一件事，然后一直做到该撒手的时候为止。任何事情只要值得去做，我们就应该全心全意地去做。

满怀希望的旅程胜于到达终点

空白时间和休闲时间并不会自动变得有益，要在我们的生活中创造满足感，我们必须费点劲，得到一些成就。若想要完成一些有意义的事，就要亲自拿到这个球，使它滚动，并且不断地滚动。

活得最快乐的人，不是那些借助外在影响使自己快乐的人，而是那些有行动，使事情发生的人。世上的实干家绝不甘心毫无目的地漂流，任由生活操纵他们的命运，他们设定目标，而且逐步实现。一旦设定了目标，朝向目标的过程会比实现目标更重要。

请你看这三道题：

1. 什么时候最该留心？现在。
2. 谁是新生的人？他，也就是你。
3. 要从哪些最重要的事做起？对他有益的事，也就是对你有益的事。

当你回答这些问题时，便加强了活在现在所能发出的威力，强调把焦点放在眼前的过程，而不是最后的结果。把焦点放在过程中，既可享受过程又能获得最后的结果。

活在现在的意思是，我们从努力中所获得的快乐与满足胜于实际达成的目标。不管一个目标有多重大，达到目标时所得到的满足只是暂时的。作家史蒂文森说："满怀希望的旅行胜于到达终点。"当我们以过程为终极目标的时候，人生就完全改变了，创造力如泉涌现，失败可以看作成功，输即是赢，旅程变为终点。

要享受快乐之旅，就要培养更高的欣赏力，为周围的一切献上赞美——感谢夕阳、音乐和其他美丽的事物。不要把凡事都看作理所当然，否则会失去创意的人生。要牢记，每一次看到的夕阳都不同，就像每一片雪花都不同一样。快醒来，听鸟儿唱歌，闻闻花香，触摸树的质感。

凡事都要试一下，找出可喜可乐之处，不论置身何处，都要寻找正面信息。怀着一个任务迎接每一天的到来，在你意识可及的范围内，学会享受每一天。不要心不在焉，要活在现在，体会生命中的每一刻。记住，人生只有此刻，你一次只能活在一刻当中，你终究是在此刻。

千万不要为大大小小的事忧虑，这种情绪会剥夺你眼前的时光。美国宾州大学所做的一项研究指出，美国约有15%的人每天至少花一半的时间忧虑。忧虑简直是一种流行病，有些研究人员宣称，如今3个人当中就有1个因忧虑导致严重的心理问题。根据这个说法，你想出两个朋友，如果这两个朋友的心理都很健康，那么你就是三个人当中那个心理有问题的人。

要正视忧虑，请看下面这个充满禅理的故事：

两个和尚走到一条河边时，遇见一个美貌的女子，她过不了这条河，因为怕湿了脚下的一双丝绸鞋。其中一个大和尚一言不发，把这个女子抱起来，送到河对面。之后，这两个和尚继续赶路，一整天都没有说话。当他们到达目的地时，小和尚说："出家人应该避开女色，你今天早上为什么抱起那个女子？"大和尚回答道："我已经在河的对岸把她放下了，你为什么到现在还放不下她呢？"

以上这个故事强调了一个生活的哲理，就是不要背着过去的包袱度过一生。然而，许多人把焦点放在过去的问题上。有些人已经习惯于忧虑，满脑子所想的是担心这个、担心那个，甚至忧虑万一无事怎么办。

恐惧、不安和内疚是与忧虑有关的情绪。无论什么时候，不管在工作场合或其他地方，人们常常心不在焉，心里所想的大多是忧虑与懊悔。大多数人在为昨天已发生或明天将发生的事而忧虑，这就引出了一个真理："一生之中，你最不应当忧虑的两天是昨天和明天。"

你是不是花太多时间忧虑而错失了今天？你能不能专心致志地活在此时

此地？花太多时间为失落、失败或犯错而忧虑，将会使你紧张不安。过多的忧虑会对你造成压迫感，使你头痛以及带来其他毛病，忧虑只是一种作茧自缚又没什么用处的行为。

我们在忧虑中所耗的精力，有96%是用在我们无法控制的事情上，表示我们96%的忧虑是白费的。事实上，情形还不止这么糟，为我们所能控制的事情而忧虑也是浪费精力，既然我们可以控制这些事，又何必忧虑？同样，为我们所不能控制的事而忧虑也是白费，因为反正无法控制。结果是，我们的忧虑是百分之百白费了。

把时间用来忧虑已发生的事或未来的事，是浪费精力。有创造力的人会联想到"魔鬼定律"——"如果事情会变糟，它就是会变糟。"困难是人生必经之事，有高度创造力的人没办法消除所有的困难，因为他们知道新的困难会紧接而来，但是他们也知道，最后还是有办法克服所有的困难。

当一个困难出现的时候，有创造力的人会想出一个办法来消除困难，他们若是跨不过去，就会钻过去，若是钻不过去，就会绕过去。他们有这么多选择，一点也不为困难而忧虑。重要的是现在到底有没有困难，如果没有困难，很好；若是有困难，还是很好，因为这样就有挑战可以面对、有新的问题可以解决了。

为问题而忧虑，经常浪费你的精力，而这些精力本来可以用来解决问题。你可以采取一种积极的心态——无论面对什么样的事情，我都能完全控制住它。如果你能以此作为座右铭，大多数的忧虑会烟消云散。

创意的生活代表着规律的生活

如果你想成为改变自己命运的创新者，为自己开创一种与众不同、富有活力的生活的话，那么你要马上改变那种每天和朋友一起喝酒，说着空洞的大话的生活态度。当然，你偶尔可以这样喝酒谈天，但是若以为这样的生活就表示已有成就，你的人生就实在太无聊了。

如果你想成为真正的创意者，那就应以规律的生活为出发点。堕落的生活绝对无法造就伟大的人生。

生活没有规律的人如何做出好的作品呢？

本书是一本助你登上成功巅峰的书，也就是助你造就你不同于他人，而有创意的人生。

意大利服饰界的泰斗乔治·亚曼尼是屈指可数的优秀创意者之一，他的生活便是如此。

亚曼尼每天清晨5点起床，且绝不熬夜。喝咖啡、看报纸，身体逐渐清醒后，亚曼尼到庭院里游泳，让身体确实清醒后，进餐，然后开始工作。

由于醒来时感到十分舒畅，他可以马上集中精神工作，和公司的员工们举行会议时，他能够马上清醒并理智地判断重点在何处，因此工作效率奇佳。在夜晚，亚曼尼则欣赏音乐。他是意大利的名人，经常有人邀请他参加宴会，但他从不把时间浪费在宴会上。他总是在自己家中过着优哉的时光，养明日之气。

星期天他也不到特别的场所去，只到别墅去充实自己的体力，过着休闲生活，下一周又精力充沛地专心工作。

亚曼尼的生活确实很有规律，他能一直发挥旺盛的创造力，理由就在于此。他在日常生活中保持固定的节奏，来提高自己的能量、提高创造力。

实际上，生活零乱，自律神经会失调，进而身体状况无法维持万全状态，能量自然会降低，创意能力也就低落。在此情况下任何人都无法成为有能力的创意者。

虽说他们过着有规律的生活，但他们也重视嬉戏。他们在游乐时非常投入，因此，良好的精神状态可使他们集中精神工作。

有规律的生活和宇宙的节奏一致，更促使我们的人生理念向前飞跃。因为和宇宙的节奏一致，生活状态才是最自然、不牵强的，也使人们容易从生活当中产生新的构想。由此，自己的命运当然可以自己去创造。

究竟用什么方法才能改变节奏，使其朝向好的方向呢？

如果你想成为伟大的创意者，首先须稳定自己的内心；如果自己不安定，绝对创造不出令人感动的人生。

成语"安心立命"的确很有道理，它意味着如果心安且稳定，自己的生命便有无限的延伸。即心安定，人的力量才能全部发挥。

如果人心不安定，则易产生压力，一旦产生压力，心就有所偏差，无法清楚地看一切事物。

了解自己的弱点，然后拟定弥补的计划，而要改掉自己的恶习，也应拟定一套方法出来。

例如："我不善于交友，对于一般的交谈还好，可是谈到认真的话题时我便无法顺利交谈，因此无法和朋友建立亲密关系。"

有此烦恼的人须研究使人际关系好转的方法，使其习惯化即可。马上转变十分困难，所以循序渐进即可。

使人际关系好转的重点是自己先喜欢他人。

"我爱这世上的人们！"将这句话写在纸上，贴于房间或写在手册的醒目处。

"我爱这世上的人们，因为大家都很了不起，具有我所缺乏的优点。与大家相处，我的世界会更开阔，所以我衷心地爱着他们……"

把像这样的话录在录音带中，睡前听即可。

但所录的带子听一星期后便能记住内容，所以很容易听腻，因此最好每星期改变内容，录制新的录音带。

内心的主宰就是智慧和力量

有一股来自内心的力量，无远弗届、无所不知、无所不能。不论贫穷或富有、卑微或权贵，每个人都可以拥有这股力量。只有你自己能够应用，不受任何人的影响。

这股神秘的力量，如何让一个人获得最高的成就？为何大多数人让消极的思想误导这股内心神秘的力量，使自己非但不受其利，反受其害？

所有的天才、对人类文明有卓越贡献的伟大领导者，都使用同样的方法。

坚定的信心，产生实现目标的力量。信心不是被动等待，而是主动出击。

机器必须运转才能产生作用。主动的信心一无所惧。有了信心，才能鼓舞士气，渡过难关，战胜失败，克服恐惧。

生命中的灾难常迫使人们在信心与恐惧两者间做出抉择。为什么大多数人选择恐惧？关键在于一个人的态度，我们有权利自己做决定。

选择信心的人，会改变自己的态度，在日常生活中，勇敢地决定和行动，培养自己的信心；选择恐惧的人，是因为没有培养起积极的态度。

找出心中那股神秘的力量，你会发现真实的自我。然后，你可能做一盘更好的菜肴，写一本更好的书，或做一次更精彩的演讲。成功的坦途通往你的脚下，世界会肯定你，并且奖励你。不论你原来是谁，不管你过去多么落魄，成功都会属于你。

信心是你对宇宙力量的一种了解、信任以及融合的表现，只是具备信心是不够的，你必须运用它。

想必你已经听过，或念过许多关于信心的名言。然而，除非你能学会在日常生活中充分运用它，否则你永远无法改变自己。

信心是一种精神状态，为了使信心对你的成就有所助益，你必须拥有积极而非消极的信心。

如果对于宇宙力量的存在没有积极而且明确的理解，是不可能培养出积极而且有创意的心态的。有许多方法可以培养这种信仰，观察、实验、感觉、冥想和思考都是可行的方法。

我们通常借着观察事情的结果，或接受自己信赖的人的意见来了解一件事。在你了解无穷智慧的过程中，可循着外在世界和内在世界两个途径来观察其中的端倪。

外在世界与内在世界的智慧

凡是乐于思考的人,都会从外在世界中发现无穷智慧的证据,自然界的每一个过程都有一定的秩序,太阳绝不会今天从东边升起,而明天从西边升起。

我们在任何地方都可看到持续不绝的自然法则,这种因循自然法则所产生的秩序,明确地指出宇宙中存在着一种运转目标,以及充满智慧的执行计划,而这正是无穷智慧的证据。

看看你的手表,你知道如果没有经过组织的智慧之功,就不会出现这只表。而你也知道使手表存在的是人类的智慧,你同样也知道人类的智慧并非起源于一个人。人类的智慧,是表达宇宙自然秩序力量的一种工具而已。

你可以把手表拆开,把所有零件放在一个盒子里,并且搅乱它们,即使100万年之后,这些零件也不会自行组合。组合手表需要一份明确的计划,以及审慎而且有组织的智慧。就像手表一样,没有了无穷智慧,宇宙是不可能存在的。

你可运用许多感觉来评价外在世界:触觉、视觉、味觉、嗅觉,但同时你也有感知另一真实世界的能力。使你接触到其他人的创造力如果将你的思想和他人的思想连接在一起,你便能开启你的意识,产生无穷的智慧。

记住,信心是一种精神状态,它是靠着调整你的内心,去接受无穷智慧的方法发展而成的。运用信心是使无穷智慧的力量配合你明确目标的一种适应表现,信心是成功的发电机,也是将你的想法付诸实践的原动力。

无疑地,你可暂时放松你的理智和意志力,并完全敞开你的胸怀去接受无穷智慧。

无论你的内心所怀抱着的意念是什么,它都可能成为现实。因此,切勿在通往无穷智慧的道路上自设障碍,就像阳光透过三棱镜时,会分成多道光束一样,当无穷智慧通过你的内心时,也会绽放出不同的光芒。

那些消极念头,诸如不可能成功、不值得去做、成功之路障碍重重、有些事无法成功等,都是思想中的缺陷,这些缺陷足以扭曲和分散无穷智慧的力量。如果你因为缺乏创意而关闭通往无穷智慧的大门,那你将永远无法享受到蕴含其中的好处。

你无法骤然告诉自己,你有信心并且希望马上出现好的结果。信心是一种必须经过培养才会产生的精神状态。每天腾出1小时来思考你和无穷智慧之间的关系,找出可在你的生活中以及在所有可表现无穷智慧力的地方,应用无穷智慧的方法。

先清除你内心里的各种消极思想:缺乏、恐惧、疾病和不和谐。接着按照下列三个简单的步骤,建立你的信心:

1. 表达对达到目标的明确欲望,并使这种明确欲望和一项或多项基本行为结合在一起。

2. 制订实现愿望的明确且详细的计划。

3. 开始执行计划,并以所有自觉性的努力作为后盾。

你越能以对无穷智慧的信心作为行动基础,就越能以敞开的心胸去接受它的力量,而你也越能洞察到这股力量对你生命的影响。最后,这股力量会使你更容易以信心作为行动的基础,这难道不是一次完美的循环过程吗?

当你面对一个问题或疑问时,便可用信心作为解决的方法,你以信心为基础的行动风格,会使你的潜意识相信你必将成功。

放松你的理性,以免它影响由潜意识萌生出来的观念、预感和直觉。你应从这些源自潜意识的智慧中,寻找问题的解决之道。

当你认定一项计划之后,应立即执行,切勿犹豫、争论、怀疑、担心和烦恼,直接去做就是了!

当你发现计划的执行结果和你的预期不一样时，应重复一次建立信心的程序。从敞开胸怀建立信心到实践信心，是需要花时间的。

如果你以信心为基础所制订的计划需要其他人的合作，那就务必找到合作的人，这些人不会自己跑来找你。你必须把你的信心实际运用起来。

梦想会成真与成熟的心态

其实我们的局限大都是自设的,因为我们认定某些事是办不到的,所以就说服自己相信这一点。

曾经有一个实验,科学家用玻璃隔板把一条具有攻击性的大鲨鱼和另一条鱼隔开,刚开始,这条大鲨鱼不断地撞击玻璃,企图捕食另一条鱼,但过了一段时间,它便放弃努力了。当科学家把玻璃隔板移开,这两条鱼都温和地在各自的领域中活动,互不侵犯。

我们也一样,都是习惯的动物,所以应该偶尔测定一下自己的能力范围。随着成长、发育和进步,你会发现以往认为做不到的事,现在已有改变。所以不妨偶尔做点白日梦,想想看,如果你能做任何想做的事,你会选择做些什么?只要制定明确适当的目标和达成目标的计划,你会发现你的梦想是可以变成现实的。

在成功学中,你必须以控制你的习惯来控制你的思想和行为。你的思想和行为,将成为你作为生物现象的一部分,就好像冥王星的运行轨道是它自然现象的一部分一样。如果你能养成积极的习惯,则它所种植的种子也将是积极的;如果你培养出消极习惯的话,则这些习惯所散布的种子也将是消极的,这就是为什么你必须控制你的习惯。

习惯是经由你的反复行为而变成你本能的那部分。在你经由反复练习,在你的思想中创造某种观念时,宇宙中的习惯力量就会接收这些思维模式,并使它们变成一种永恒而发挥效用。在物理学中的惯性作用上也有相同的现象。

我们来到这个世界，每个人天生都有丰富的想象力。当我们还是小孩子的时候，我们都有能力与弹性，可以从不同的角度来观察世界。因为我们注意周围的每一件事物，享受生活的能力可以说是相当了不起的。

从童年的某一天开始，大多数人渐渐失去了这种能力。社会以及父母不断地告诉我们什么是我们所要预期的，为了获得认同，我们慢慢地被影响、被制约了。为了能在人际交往中被接纳，我们不再问为什么，失去了心智上的弹性，并且也停止了发自内心的关注。

如此所造成的结果是，我们的思维变得十分结构化。结构化的信念与价值，导致错误、片面与落伍的认知。这些扭曲的认知阻碍了我们的创造力的发挥，使我们无法以本来面目享受人生。

有没有创造力和是否能保持健康的态度是一体的两面。在任何奋斗的领域中，有创造力的人总是耐战常胜，因为当别人眼中只有无法克服的问题时，他们却看到了大好的机会。

从事心理研究的人发现，在富于创造力者与缺乏创造力者之间主要的不同是，有创造力者自认为他们很有创造力，而缺乏创造力的人则因为思想过于结构化与公式化，误以为自己不具备所谓的创造力。

要有健康的态度，一定要持续不断地挑战现状，避免自己陷于充满错觉妄想的外在世界。人们若不经常审慎检查自己所坚持的信念，并且养成一种习惯，他们就可能以不切实际的方式来看待世界。这种不健康的方式可能导致严重的后果，轻则让人失望沮丧，重则造成精神疾病。

某些人对于自己的态度与信念会阻碍个人成功这一观点颇感不安。对他们来说，最可怕的事莫过于他们无法为自己赢不了人生的竞争找借口。但是根据有关的观察，那些最坚决拒绝改变、最不愿意承认自己的想法或许有错的人，最需要改变他们现有的想法，使其人生恢复满足与喜乐。

唯一阻碍我们学习新行为与新态度的是我们自己，年龄常被用来当作借口，而会用年龄大做借口的人常是那些早年思考就已僵化的人。

换言之，阻碍他们、使他们无法改变的，不是他们的年龄，而是他们抗拒改变的心态。成年之后还能维持思考弹性的人不会受年龄所限，且能够适时发展新的价值与新的行为。

把新奇的事物重新带回你的生活

生命是一条湍急的河,经历人生时难免产生刮痕瘀伤,我们一定要学会顺流而行。顺流而行的意思就是要懂得顺应自然的法则。太多意料之外的变化会毁掉最完美的计划。

有创造力、有活力的人会顺流而行,当他们顺流而行的时候,便领悟到"掌握此刻"的重要性。

和大多数人不同,有创造力、有活力的人活在此刻;同样地,和大多数人不同,有创造力、有活力的人能够顺其自然。

著名的人类心理学家马斯洛相信,顺其自然是人们变老的时候经常会失去的一种特质。他说:"几乎所有的孩童都能临时作一首歌或一首诗,跳一个舞,画一张图,编一出戏,或者玩一个游戏,不用事先计划或构想。"

根据马斯洛所说,大部分成年人都失去了这种能力。可是,马斯洛发现有一些成年人,他们并没失去这种特质,就算他们曾经失去,不久他们就会恢复。这些人就是能够自我实现的人。自我实现是心理健康的一种极高境界,马斯洛称能够达到这种境界的人为自我实现者。他发现,实现自我的人能够顺其自然,无处不自得,而且在迈向成熟的过程中具有高度的创造力。

顺其自然是活得有创造力的同义词。活得有创造力的人不受压抑,他们能够表达真正的感觉,就像小孩一样,可以玩乐,可以扮傻瓜。他们也可以随心所欲,做一些原本没有计划要做的事情。有创造力的人可以即兴演讲,他们说话的时候像小孩子,不像大人。

你能否顺其自然？你是不是总是拘泥于自己一天的计划？你是否经常抛开计划，做些不一样的事？当我们顺其自然地做某件事的时候，就会有些意外又有趣的事发生，我们经常从中获得一些有益的经验，若是拘泥于计划就永远得不到那些经验。

观察小孩子，重新恢复顺其自然的想法。如果你能够再变成小孩子，你就可以顺其自然了。你要能率性而为，因为喜欢某件事情，就心血来潮地试试看。顺其自然的另外一个意思就是让你的生活有更多机会。你让自己的世界有越多的机会，你的创意就会越有趣。让更多的人进入你的生活，和他们沟通，向他们表达自己，尤其是当他们的观点不同于你的时候，也许你可以学到一些新鲜的东西。

记住顺其自然，每天练习做一件没有预先计划的事情。兴致来的时候，挑件新鲜有趣的事来做，这件事可以很小，例如走一条不同的路，在不同的餐厅吃饭，或是找一种新的娱乐。将新奇之事带入你的活动，会使你的休闲生活趣味倍增。

花点时间让心思天马行空，驰骋于某个地方或某种时光，或停留在某个地方的某种时光。让自己在大白天尽情地进入梦境，这样做没有任何目的，纯粹是享受心情放松的喜悦而已。

你可以特别挪出一段时间做白日梦，譬如抽空到一个人迹罕至的安静场所走一走，或只是在日常生活中的空当做白日梦。这完全看你自己的选择。如果做白日梦对你而言刚开始很难，你可以一试再试。不久，你就会发现自己可以神游于遥远的地方，一个个幻象从最真实的内心深处不断涌出。

当你在做白日梦时，你都想些什么？你是否置身于未来，看到一些熟悉的人陪你在一些特殊的环境里？或者，你是否回到过去，想起你生命中特别美妙的一些时光？你对这些又有什么感觉？

设法每天都做白日梦，即使是工作空当的几分钟也可以。记住，创意的能力包括你是否能依潜意识行事。做白日梦可以锻炼你的创意能力，白日梦并非毫无意义，你想象中的事情就含有未来的种子。

用心看待身边的世界

创意者的特点之一就是他们能用心看待周围的世界。一般而言,有创造力的人在生活中可以看到许多机会,而缺乏创造力的人由于不用心察看,所以他们只会自怜没机会。

要得到圆满的人生,一定要学会真正地用心。要培养健康的态度,你就要培养对新事物用尽心意的能力,而且你也要能以新角度来看待早已熟悉的事物。如果你是个固执的人,你要努力并且要有勇气改变自己的想法,这样你才能用崭新的方式来体验生活的创意。

有些人不经深思就说产生创意的方法不过是常识而已。很多人为了解决问题而走极端,把生活弄得更加复杂,其实他们所要找的答案近在眼前,只需依照一些基本原理。换言之,常识并不太平常。

生活中,凡事不外乎理解,你看到什么就得到什么。你可以评估自己的用心程度,如果你没有完全看到眼前所呈现的一切,你就需要对周围的世界多用点心了。

如今的世界正以空前的速度不断改变,你不可以把自己的意见、信念和价值观牢牢地刻在心上,如此才能有效地适应当今社会的变化。千万别当冥顽不灵的人,否则在这个日新月异的世界上,你的日子就很难过了。

有些人认为改变自己的价值观、信仰或意见就是示弱,但事实正好相反。愿意改变并追求生命成长的人是最坚韧的人,因为他们有应变的能力。所谓只有白痴和死人不会改变他们的信念和意见,其实仍待商榷,就如前面所说，不管你是哪一种人，你都可以改变。

这里要强调的是，你感应度越低，活在这个瞬息万变的世界里，就会越格格不入。最需要改变想法的人就是那些最排斥变化的人。然而，对一些具有创造力的人而言，情况正好相反，变化令他们觉得新鲜有劲，他们总是愿意向自己的观点发起挑战，并且愿意在必要时做适当改变。

现在回头看看你的信念与想法，也许就能开辟出一番新天地。你要保持一种开放的心态，质疑自己所相信的每一件事，学习铲除老旧、不适用的观点，同时培养吸收新价值观与新做法的能力，试试新的事物是否可行。

思考快乐：体验生命的过程

利用各种时刻——排队等电影的进场，上床后、睡着前，削铅笔的时候等，做这件事。设想你正积极地、全神贯注地在一件吸引你、令你愉快或兴奋的事情上，心中毫不犹豫。

设想你正旅游到一个只为了让你快乐才设的地方。设想这趟旅行本身很令人愉快，而且是一个美好的开始，终会带你去体验好玩的活动或平静的休息。只要有心情，你可以随时想象这个地方。这个地方可以次次不同，也可以保持不变。当你到达这个地方之后要做些什么，谁陪你同行并与你一起玩，他们要与你共处多久，这些都由你自己决定。

一旦抵达目的地之后，你就可以随心所欲地做自己想做的事。如果你认为游玩就是躺在海滩上两棵棕榈树之间的吊床上，边读自己最喜欢的杂志，边啜饮清凉的热带饮料，那么就依样去想象。也许你觉得最好玩的就是在晴朗的星期天早晨，在公园里进行激烈的追逐赛，如果是的话，就纵情于这样的想象。

设想自己是一个懂得玩的人，时时刻刻都能自得其乐。假想自己是地球上一个顽皮嬉闹的生物，生活的目的只是寻找令自己心醉的一切，而这一切常使自己觉得活着真好，好得常想在屋顶或山巅上高声大叫。回想孩提时代的暑假，当时你一天玩过一天，好像夏天永远过不完似的。当你想象自己顽皮的脸活跃起来，并全身心投入让你不知今夕是何时的娱乐中时，设法重拾童年的那种感觉。

当你想象自己置身于愉悦的环境或情境中时，要放松自己的整个躯体，要深呼吸，要驱散一切"应该这样或那样"的念头，还要让自己觉得值得做这种想象，毕竟生命赋予我们这个机会，绝不可放弃这个可以使你创造美好人生的机会。

林肯说："大多数的人要多快乐，就会有多快乐。所以每一个人都是，要多快乐就有多快乐。"几个世纪以来，伟大的思想家所说的话，基本上就是这个快乐之道。但他们就算站在屋顶上高声宣扬，大部分的人还是不会开窍。快乐在内心，而不是外在。真正的快乐是知足，世上任何财物名利都不能带来真正的快乐，有些人虽然看似一无所有，却有发自内心的快乐。

人生的一个目标就是要快乐，就像我们小时候读到的童话故事里的人物一样，大部分人都希望从此以后过着幸福快乐的日子，他们不要别的，只要享受快乐。

若能脚踏实地，就可以从此过着幸福快乐的日子，快乐只在今朝。如果你人生的第一目标是要快乐，快乐就与你绝缘了，因为快乐是达成目标时的产物，而不是目标本身。

要尽可能地享受快乐，这又是一个达不到的目标。寻欢作乐通常只是为了逃避不愉快，过度逸乐会变得非常乏味。如果人生只有逸乐，没有别的，将会毫无快乐可言。

要快乐就要投入，在工作场合是如此，在工作之外也是如此。投入的意思就是一头扎进任何事情，也就是说，一次只做一件事，而且充分享受这件事的价值。

你若是站着都找不到，你还想到哪里去搜寻？东方的伟大哲人总是说："快乐就是过程。"也就是说快乐并不是终点，快乐不是要你去寻找，而是要你去创造。如果你本出于快乐，就不必到处寻找快乐。